华章图书

一本打开的书，一扇开启

通向科学殿堂的阶梯，托起一

U0178686

THE FRONT-END TECHNOLOGY EVOLUTION
WITH FUNCTIONAL PROGRAMMING

前端函数式演进

邵丁丁◎著

机械工业出版社
China Machine Press

图书在版编目（CIP）数据

前端函数式演进 / 邵丁丁著 . 一北京：机械工业出版社，2021.1

ISBN 978-7-111-67100-8

I. 前… II. 邵… III. 网页制作工具 – 程序设计 IV. TP392.092.2

中国版本图书馆 CIP 数据核字（2020）第 259020 号

前端函数式演进

出版发行：机械工业出版社（北京市西城区百万庄大街 22 号 邮政编码：100037）

责任编辑：韩 蕊   责任校对：李秋荣

印　　刷：中国电影出版社印刷厂   版　　次：2021 年 1 月第 1 版第 1 次印刷

开　　本：186mm×240mm　1/16   印　　张：12.25

书　　号：ISBN 978-7-111-67100-8   定　　价：79.00 元

客服电话：（010）88361066　88379833　68326294   投稿热线：（010）88379604

华章网站：www.hzbook.com   读者信箱：hzit@hzbook.com

为何写作本书

本书的关键词是前端开发和函数式，重点阐述函数式在 Web 前端的重要作用和演进。

Web 前端系统的核心逻辑已经从简单的静态展示和交互，演进为面向用户的多入口交互响应，以及随之产生的事件流。近代软件系统主流的命令式编程和信息数据管理模式，有时已不能满足当前场景的前端开发需求，而函数式非常契合这些需求，因而受到前端开发者的欢迎。

近年来，随着前端工程化发展逐渐成熟，前端开发领域的大部分工具和框架都引入了函数式的特性，并借鉴了其中的一些思想。这些框架和工具涵盖了早期工具库，如 jQuery、Lodash，以及近几年互联网公司普遍使用的 React、状态管理等，使得函数式成为 Web 开发领域重要的技术。

本书旨在和大家分享、探讨前端函数式的知识，尤其是结构化的前端函数式知识、前端受到函数式影响的内容以及背后一些相关领域的知识，希望能帮助大家系统地掌握前端函数式开发方法。

本书主要内容

本书从逻辑上分为三部分。

第一部分（第 1 ～ 3 章）是全书的理论基础。

第 1 章介绍编程语言中的编程范式以及各种范式在前端的体现。第 2 章介绍函数式的常见概念。这两章的内容对于基础较好的读者来说可能是老生常谈，但是我加入了一些前端示例和个人理解，也算是老坛装新酒。

第 3 章介绍函数式思维的相关内容，帮助读者在使用函数式框架工具时从传统命令式编程的思考方式，向更契合函数式前端开发的思考方式转变，比如对循环的实现、数据结构的差别、对异常态和类型的处理等。

第二部分（第 4 ～ 7 章）以实际的工具内容为主，分别介绍前端函数式的几种重要形态。

第 4 章介绍 Monadic 编程，这是函数式的一种经典工程实现，也在前端衍生了一些工具。在这一章我们将学习工程理论的几个基础单元，如函子、幺半群，并进行一些实用性的分析和推导。

第 5 章从 jQuery 出发，介绍函数式工具形态演进。很多研发工程师对前端的理解都停留在 jQuery 的经典时代，本章从函数式"形"的角度出发，介绍前端函数式工具。

第 6 章和第 7 章将介绍前端函数式的两个热门框架工具——RxJS 和 React Hooks，展示它们的基本原理以及演进过程。

第三部分（第 8 章和第 9 章）是本书的总结部分。

第 8 章回归初心，探讨前端开发的核心复杂度，以及函数式在前端开发中的贡献。希望读者能像借鉴函数式思想一样，多借"他山之石"，在前端和其他研发领域成为更出色的工程师。

第 9 章梳理本书项目的整体情况，并展现一些核心代码，帮助读者通过代码完成知识的落地和沉淀。

本书读者对象

本书内容围绕前端开发领域，列举的实例多基于前端框架和工具等方面，所以更适合中高级前端开发者和对前端生态有所了解的程序员阅读。

本书内容特色

本书除了介绍前端和函数式的基本概念及工具，还配有较多示例，可以帮助读者理解这些理论内容和工具并应用到实践中。除此之外，我将个人对这些理论演进的理解融入本书，希望能对读者建立知识体系有一定的帮助。

勘误和致谢

由于水平有限，书中难免有理解错误和说法欠妥的地方，恳请读者指正。欢迎发送邮件至 sddhuhu1205@163.com 与我交流。

在此感谢阿里巴巴本地生活的前辈许红涛和企业订餐研发团队小伙伴们的大力支持，感谢张晓雪帮助促成本书的顺利出版。

目 录 *Contents*

第 1 章 *Chapter 1*

编程范式和前端体现

近年来，Web 前端（以下简称前端）开发经历了多次形式上的变化。前端开发者们很难像其他领域的开发者一样，可以较长时间使用同样的工具集，而是需要在研发的同时，推进前端工具更迭，及时学习新知识。

函数式编程思想从各方面显著影响着前端开发者使用的工具和规范，尤其是 ECMAScript 及其周边工具的演进。从源头上说，ECMAScript 的一些语言特性，以及处于前端程序多入口驱动、事件流较多的现状，对函数式思想有天然的亲和性。

本章将从编程范式、函数式基础概念、函数式思维、Monadic 编程、函数式工具库演进、事件流和函数响应式编程等方面，和大家一起探讨函数式的概念、思维、演进及其在前端的具体体现。

通过阅读本章，读者将看到函数式编程思想的优点、在前端的体现，以及前端工具链中从 map、pipe、flatMap、Promise 到 RxJS 的演进历程。

本章我们从开发知识树的根本——编程范式开始了解函数式的地位和特点。

1.1 编程范式

编程范式（Programming Paradigm）是开发者使用的高级语言所支持的一些编程设计准则。这些设计准则约定了我们以什么样的方式将信息传达给机器环境（编译器或更底层，以下统称环境）。

编程范式是编程语言领域的模式风格，它体现了开发者设计编程语言时的考量，也影响着程序员使用相应语言进行编程设计的风格。本书的关注点在于"函数式"，从字面上就能看出，开发者使用这一范式的编程语言时，会偏向使用函数来管理有明确输入输出的过程。

编程范式所含的内容比较多，我们经常接触的有以下两种。

1）告诉机器怎么利用穷举、跳转和记忆，逐步完成我们交付的事情（命令式）。

2）告诉机器我们想要什么（声明式），由机器按照已在编译器中实现的策略来完成任务。

此外，还有一些和上述这两种方式并不冲突的常见语言设计准则，比如面向对象、元编程等。

1.2 命令式编程

命令式编程（Imperative Programming）又称指令式编程、过程式编程（Procedural Programming）。我们一般将命令式编程理解为顺序编程加一些控制流程的语句，比如运算语句、循环语句（while、for）、条件分支语句（if）、无条件分支语句（goto、程序调用）。

程序调用的对象包括含有一系列运算步骤的程序（procedure）、例程（routine）、子程序（subroutine）、方法（method）、函数（function），在 JavaScript 里可以将这些对象统一理解为模块中的方法。

命令式编程是很多新语言都具备的编程方式，对于不同语言，编程方式的区别多体现在变量的声明、作用域和基本类型；集合的类型；模块单元的封装形式等方面。

命令式编程在代码中广泛存在，尤其是在前端使用框架之前的早期代码（jQuery时代），以及当前业务框架的各个生命周期方法和业务代码中（init 方法，接口调用逻辑）。简单的命令式代码如代码清单 1-1 所示。

代码清单 1-1　伪代码展示命令式语句

```
sum = 0
n = 99
while n > 0:
  sum = sum + n
  n = n - 2
print(sum)
```

1.3　面向对象

面向对象（Object-oriented Programming，OOP）是我们在讨论编程范式时经常提到的内容。它帮助各种语言，尤其是命令式语言解决了一些更高层面的问题，例如模型的包装和组合。

面向对象把计算机程序视为一组对象的集合，而每个对象都可以接收并处理其他对象发来的消息，换句话说，面向对象认为计算机程序的执行过程就是一系列消息在各个对象之间的传递。

前端开发者们听到的面向对象的概念，多来自其他领域（如 Java）的开发者。Java 语言强调并贯彻面向对象思想和它的三大要素（继承、封装、多态）。以 Java 为代表的语言主要通过 Class 类实现继承和封装，所以我们看到的 Java 代码多是 Class类和一个个的模块包。

因为与 Java 密切关系，前端也引入了 Class 类和诸多语法糖，以便于开发者编写类似的代码。其他很多主流语言也都使用了 Class 类这一设定，如代码清单 1-2 所示。

代码清单 1-2　Python 中的 Class 类

```python
class Student(object):
  def __init__(self, name, score):
    self.name = name
    self.score = score
  def get_grade(self):
    if self.score >= 90:
      return 'A'
    elif self.score >= 60:
      return 'B'
    else:
      return 'C'

rogge = Student('Rogge', 97)
print(rogge.name, rogge.get_grade())
```

实际上，前端的很多概念都存在面向对象的设计思想，比如我们框架中的组件概念。大家可以暂时放下 Class 类的内容，思考一下组件或者前端的业务模块是怎样实现继承（扩展）、封装、多态和消息传递的。

面向对象的编程思想在处理复杂系统时，会先基于高效的信息抽象（将事物或过程抽象成一类信息的实体，继而形成信息岛屿），再寻求建立事物或过程之间的联系。

面向对象是一种能很好地处理现实中已有事物和过程，并抽象到计算机信息系统中的方法。

1.4　元编程

元编程（Meta Programming）是面向对象之外，另一种我们在编程范式中经常选用的范式能力。在元编程模式下执行开发者编写的代码时，可以改变其他程序（或者自身）的行为，或者在运行代码时完成部分本应在代码编译时完成的工作。

元编程语言 Ruby 有一个经典的示例，如代码清单 1-3 所示。

代码清单 1-3　Ruby 元编程影响运行时

```
>> a
NameError: undefined local variable or method 'a' for main:Object
```

```
from (irb) 1
>> ruby has no bare words
NameError: undefined local variable or method 'words' for main:Object
from (irb) 1
>> def method_missing(*args); args.join(" "); end
=> nil
>> ruby has bare words
=> "ruby has bare words"
```

在 Ruby 中，我们可以通过 method_missing 快速定义语法层面的方法，使得代码清单 1-3 中 ruby has no bare words 这类表达式前后两次输出截然不同的结果。

通过代码示例可以看出，元编程指的是编程语言提供的、在某些代码运行时由其自身通过修改某些语言环境的元信息（语言的高级设置），来影响其他代码解释行为的能力。

事实上，因为 JavaScript 的原型继承和解释型语言的特性，我们可以通过重新定义基础类型的原型方法，实现一些元编程能力；还可以通过较为底层的能力（如代理）和转换工具（如 Babel 插件），实现更多的元编程行为。

运行时可以通过元编程能力影响已有代码，代价是要承担更多未知错误的风险。当我们制作工具或向上寻求更多能力时，元编程能力（运行时元信息的操作）依然是至关重要的。

对于编码，我们希望在开发平台（可视化搭建、二次开发平台）、业务组件编码、构建时编码、运行时编码等多个编码层实现逐级向上做切面开发和元编程。

1.5 声明式编程

回到编程范式的分类，我们之前阐述了命令式编程的概念，对比来看，声明式编程（Declarative Programming）在编码时关注的是要做成什么而不是怎么做；我们像管理者一样分配要做的事情，而不是亲力亲为地关注细节最优的 ROI 和效率。

常见的声明式语言和表现有逻辑式编程语言、函数式编程语言，以及一些相关形式，如正则表达式、组态管理系统（配置管理如 YAML 运维）等。代码层面使用可枚举集合的整体指令，如 map 和 for...in 代替了 while 和 for 的步进操作。

领域专用语言（Domain Specific Language，DSL）在设计系统顶层时经常用到，它不一定有完备的编程语言特征，但一般都能描述清楚编码者需要的信息，基本符合声明式编程特征。我们经常接触到的领域专用语言有 SQL、XQuery/XML、CSS 和 Vue/Angular 中的 Controller（数据在模板文件上的绑定）等，如代码清单 1-4 所示。

代码清单 1-4　声明式编程语言和领域专用语言

```
// SQL
SELECT * FROM Websites
WHERE name IN ('前端','函数式')

// XQuery
for $x in doc("books.xml")/bookstore/book
return if ($x/@category="CHILDREN")
        then <child>{data($x/title)}</child>
        else <adult>{data($x/title)}</adult>
```

实际上，声明式编程的内容很宽泛。我们跳出一些功能代码的内部实现，就能把外部的调用看成是声明式的。也就是说，小到一个语法糖，大到人工智能、逻辑式和函数式编程，都可以归纳为声明式编程。

1.6　逻辑式编程

逻辑式编程（Logic Programming）是一种面向演绎推理的逻辑型程序设计语言，其中约束满足问题（Constraint Satisfaction Problem，CSP）是变量集合和约束条件的集合，问题领域甚至可以一直扩展到人工智能级别。

Prolog 语言使用了一个深度优先搜索的决策树，它使用所有可能组合与规则集合相匹配，且编译器对这个过程做了很好的优化。不过，这个策略需要进行大量计算，尤其是数据规模非常大的时候。以下通过一个 Prolog 的简单示例给大家展示逻辑式编程的一隅，如代码清单 1-5 所示。

代码清单 1-5 Prolog 简单示例

```
// 输入 - 事实
car(civic).
car(malibu).
japanese(civic).
american(malibu).
owns(john, malibu). owns(john, civic).
owns(fred, civic). owns(joe, malibu).

// 输入 - 规则
vehicle(X) :- car(X).
gets_good_gas_millage(X) :- owns(X, civic).

// 输入 - 目标 1 John 和 Fred 都拥有的车子是什么？ 2 谁拥有日本车？
?- owns(john, Car), owns(fred, Car).
?- owns(Person, Car), japanese(Car)

// 返回 - 结果
?- owns(john Car), owns(fred, Car).
Car = civic.

?- owns(Person, Car), japanese(Car).
Person = john,
Car = civic ;
Person = fred,
Car civic ;
```

像做数学题一样，我们给出公理（事实）、已知条件（规则）、问题（查询），然后等待编译器给出结果。

编译器给出的结果并不一定是唯一的，但它一定是正确的。我们不必关心系统 / 编译器给出结果的过程，比如早期联网系统（文字界面）都是直接返回交互式信息检索和分析的结果，或是我们希望通过 Math 库得到一个满足条件的随机数。这类情况都是只需要获得结果，不需要细究过程。

在前端，我们也会不断进行一些黑盒封装，或在使用工具时将工具当作黑盒处理，选择相信工具中的编码实现是高效和准确的。比如在我们使用的前端框架（Vue/React）中，样式数据变化会自动触发组件更新，编码者对于组件的更新机制是信任的，这一行为也是逻辑式编程思想的体现。

1.7 函数式编程

函数式编程（Functional Programming）是基于 λ 演算（Lambda Calculus）的一种编程语言模式，它的实现基于 λ 演算和更具体的 α – 等价、β – 归约等设定。虽然函数式编程和传统命令式语言（C 类）基于完全不同的推导逻辑，但是可以做到一样的事物表达（图灵完备），它们的理论基础不同，感兴趣的读者可以自行了解。

逻辑和演算上的推导对于研发人员有一定的跨领域难度。我们可以将关注点集中到一些工程模型、表现形式和在前端的积极影响上，本书后面章节会逐渐展开这些内容。

因为我们关注输入和输出的结果多过关注实现的过程，所以函数式编程通常包含在声明式编程中。函数式编程将计算机运算视为数学上的函数计算，并且会避免使用程序状态以及易变对象。

常见的函数式编程语言有经典的 Lisp 系列（Clojure、Scala，见代码清单 1-6）、Haskell、OCaml 等。

代码清单 1-6　Lisp 简单示例

```
(define (* a b))
  (if (= b 0)
    0
    (+ a (* a (- b 1)))))
```

具体到前端层面，函数式编程在很多工具框架层面都有良好的表现，比如 React 可以帮助我们更好地约束副作用，进而基于函数迭代，生成整个前端系统。在前端范畴下我们还可以关注 jQuery、Lodash、RxJS 等工具和语言，它们和 React 一样具有函数式思想，这些内容的演进是本书讨论的重点。

在前端发展初期，我们在学习 JavaScript 时会看到很多括号，这些括号里大多是函数的声明、调用，甚至是自执行函数。这说明在设计之初，函数式特性就是 JavaScript 作为多范式语言的重要考量。不考虑工具库，从原生语言角度来看，JavaScript 语言特征中契合函数式思想的内容有一等公民函数（First-class function）、Lambda 表达式、闭包、数组组合子等。

落实到编码上，我们要从模块封装、状态表达、编码形态等方面做出更多考量，这些考量驱动了前端工具快节奏迭代。

1.8　案例和代码

本节我们规划一个场景，一起梳理下本章内容。

1.8.1　案例总览

在开发项目前，产品经理会交给我们产品需求文档（PRD），之后我们按照 PRD 梳理出需要实现的功能点，以及具体要展现的页面与交互逻辑。需求部分包括需求背景、需求价值、方案分析等，这些内容我们暂时略去不表，先对将要实现的主要功能和必要细节进行总结。

示例项目功能清单如下。

1. 主要功能

1）实现一个 Web 开发版本的游戏关卡引擎。在游戏中，用户通过填写内容或做一些特定的交互操作，以达成闯关条件。

2）有一个主页面显示用户每关得分和关卡的整体完成情况。

2. 细节需求

1）关卡模型添加倒计时功能或游戏步数限制。

2）关卡支持不停下拉的页面级无线瀑布流。

3）无限下拉功能支持在关卡页同级添加页面，包括：用户反馈页面、关卡间插入的静态页面、关卡链接页面、奖励页面和红包雨页面。

4）关卡页面支持并列同级别的教程页面、提示页面等。

5）主页面支持上传战绩和查看单机排行榜。

页面关系如图 1-1 所示。

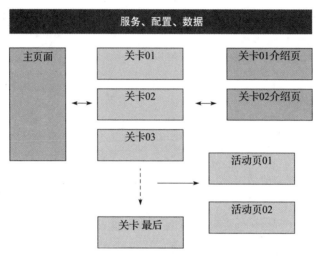

图 1-1   基本页面关系图

用户的操作流程如图 1-2 所示。

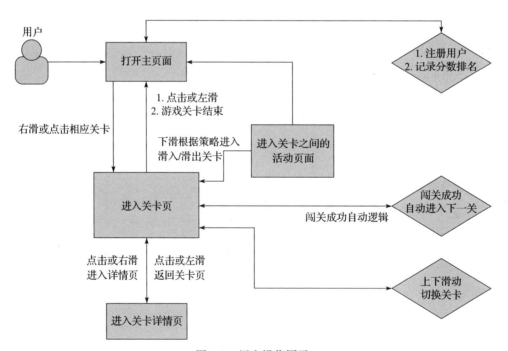

图 1-2   用户操作图示

从本章开始，每一章都会针对当前的知识点实现一些功能，并在每章最后一节展示实现代码。下面我们使用命令式编程定义主流程。

1.8.2　命令式编程示例

我们在重复的代码逻辑和可以建模的实体部分使用各种语言特征进行高阶抽象编码，但在描绘主要逻辑，或者对上下游进行单次连接等一次性编码时，更推荐使用命令式这种所见即所得的编程模式。

比如在本章的项目中，主入口文件 main.js 中要做以下逻辑编码，如代码清单 1-7 所示。

代码清单 1-7　项目主流程——命令式代码

```
// 项目主流程，使用 React 将项目主 App 绑定到页面的 DOM 中
// main.js 内容将随着项目复杂度增加而增多
import React from 'react'
import ReactDOM from 'react-dom'
import BreakThroughPage from './pages'

const wrapper = document.getElementById("break-through-container");
ReactDOM.render(<BreakThroughPage />, wrapper)
```

1.8.3　声明式编程示例

前端开发中有一项被 Web 编程各端充分支持的技术，即数据交互格式 JSON。JSON 简化了 XML 等传统交互格式的大部分能力，并兼容各主流语言。

前端开发中通常使用 JSON 格式（对象字面量）表示数据。在前端项目中，自带的 Demo 演示数据，以及预留的用户配置方案数据，也多采用这一形式来表述。对于开发者而言，直接使用配置项即可驱动游戏引擎，这种做法是声明式编程模式的一种应用实例。

对于用户配置方案和配置型代码的介绍，可以参考代码清单 1-8 加深理解。

代码清单 1-8 用户配置方案——配置型代码

```
// 用户使用游戏引擎的配置方案 demo1 速算 2 位数乘法
// demo/projectA/config.js
export const feedbackQAs = [
    {
      q: '玩法?',
      a: '每一关选择填写正确的答案，选中后点击提交'
    },
    {
      q: '结果?',
      a: '每一关左滑或点击向左按钮，可查看总览页面，查看自己的得分和历史关卡内容'
    },
]

// 其他选项: 'selector'
export const puzzleType = [
    'fillblank'
]

export const funcs = [
    'feedback',
    'overview',
    'upload',
    'countdown'
]

// demo/projectB/puzzle.js
export const puzzles = [
    {
      qs: ['17 x 17'],
      count: 3,
      a: '289'
    },
    {
      qs: ['22 x 22'],
      count: 3,
      a: '484'
    },
    {
      qs: ['83 x 11'],
      count: 3,
      a: '913'
    },
    {
      qs: ['44 x 44'],
      count: 4,
```

```
    a: '1936'
  },
  // 省略一些关卡数据
]
```

1.8.4　面向对象、元编程和函数式编程示例

相对于我们介绍的其他编程范式，面向对象和元编程更像是一种编程能力或思想，它们可以和其他编程范式交叉使用。

在代码清单 1-9 中，我们可以看到 React 等技术中典型的组件类。组件类是面向对象的良好载体。我们将在代码中实现一个 loader（加载器），在开发时，这个 loader 会自动抽象出业务页面中特定前缀的常量，将其放在最外层模块（btconfigLoader.js）中统一管理。这个组件类功能展示了前端的元编程能力，其实现过程使用了一些抽象函数，这些函数可以帮助我们对过程进行抽象。

在函数式编码部分，我们可以看到代码中对过程的抽象，尤其是对 if-else 这种写法的函数式抽象。函数中仍然存在需要进一步解耦的内容，大家可以尝试改进代码清单中函数式的写法。

代码清单 1-9　面向对象 Class、元编程和函数式编程

```
// 1 Class - 主页面页面类
// pages/OverviewPage.js
import React from 'react'
import { OverviewMatrix, OverviewEvaluation, OverviewLink } from './overview'

const $$title1 = '关卡得分'
const $$title2 = '个人评定'

class OverviewPage extends React.Component {
  render() {
    return (
      <div className="over-view-page">
        <div>
          <span>{$$title1}</span>
          <OverviewMatrix />
        </div>
        <div>
```

```jsx
          <span>{$$title2}</span>
          <OverviewEvaluation />
        </div>
        <div>
          <OverviewLink />
        </div>
      </div>
    )
  }
}


export default OverviewPage
```

```js
// 2 元编程和函数式编程，全局变量收拢
// loader/btconfigLoader.js
const fs = require('fs');
const defineStr = 'const $$'
const costStr = '$$'
const serviceStr = 'btconfig.'
const importStr = `import btconfig from '@/btconfigLoader.js'`
const getRegWithBlank = str => str.replace(' ', '\\s')
const pr = _path => path.resolve(__dirname, '../' + _path)
const containStrFunc = (sourcestr, targetStr) => sourcestr.indexOf(targetStr) >= 0
const funcCros = (indA, funcB, funcC, funcD) => indA ? funcB() : funcC()
const replaceReturnContent = (source, defineStr, constStr) => {
  return source
        .replace(new RegExp(getRegWithBlank(defineStr),'g'), serviceStr)
        .replace(new RegExp(costStr,'g'), serviceStr)
}
const addImportStr = (importStr, content) => {
  return importStr + content
}

module.exports = function(source) {
  // 包含 $$ 变量，则进行全局替换
  if(containStrFunc(source, defineStr)) {
    returnFileContent = replaceReturnContent(source, defineStr, constStr)
    // 如果未曾做过替换，缺少 import，则把全局 import 写在头部
    if (!containStrFunc(returnFileContent, importStr)) {
      returnFileContent = addImportStr(importStr, returnFileContent)
    }
    return returnFileContent
  }
  // 若无 $$，则不做任何动作
  return source
}
```

可以看到，在一个涉及不同场景的软件系统中，不同的编程范式是可以共存的。而且在这些不同的编码场景下，有针对性的编码范式能起到很好的作用。

我们示例的编码暂时还比较简单，在不同场景下还可以延伸出更深层次的功能。在后续的章节会介绍更多编码时可以改进的内容，并在第 9 章将完整项目展现出来。

1.9　本章小结

在比较编程范式时，我们更关注编程范式体现的思想。相比于命令式和其他范式，函数式编程的优点在于通过减少副作用，提高了系统的缓存能力、测试的可行性和事件流的可读性。随着函数式工具的演进，状态管理工具（异步状态管理）、函数响应式编程等可以帮助开发者更好地梳理业务流程，充分弥补前端编程的不足。

前端开发领域除了 JavaScript，还有浏览器方法、CSS 样式、HTML 页面结构、Node 服务等，熟悉编程范式并多了解一些编程语言和框架的特征（feature），能帮助我们更好地理解前端技术的内部原理并借鉴其中思想。本章我们介绍了函数式和编程范式在编码知识体系中的作用，下一章我们将回到前端，对函数式具体的概念进行探讨。

前端函数式基础概念

从事业务开发的前端开发者在接触函数式时，会感觉需要了解的新概念比较多，这时再专门学习一门函数式编程语言，或者系统地学习函数式理论，是非常耗费精力的事。而我们在看博客专栏、参加内部分享时会接触一些函数式相关的名词，理解这些名词的概念就能帮助我们了解函数式对前端的整体影响。

在展开介绍这些前端涉及的函数式概念之前，我们首先明确一个函数式编程思维的目标：**程序执行时，应该把程序对结果以外的数据的影响控制到最小**。这样有助于提高程序的健壮性，也能帮助我们清晰地了解程序运行的状态。下面我们带着这一目标继续学习，同时思考函数式在工程中的更多优势。

2.1 JavaScript 多范式中的函数式

JavaScript 设计之初是向 Java 靠拢的同时，进行一些核心设定，即基于原型继承的多范式语言。这些核心设定奠定了 JavaScript 之后的发展方向，比如可以使用闭包封装成员变量、通过高阶函数实现函数迭代、支持数组和它的基础函数组合子，方便开发者对集合进行操作。在随后的发展中，ECMAScript 标准也逐渐引入了一些诸如箭头函数、flatMap、更多的数组组合子等内容。本章我们就常见的概念进行逐一介绍。

2.1.1　闭包

闭包的概念在编程理论中经常出现,闭包在函数式语言中普遍存在。与 JavaScript 中闭包的概念一样,闭包通常情况下指一个特殊的函数或方法,内里绑定了函数内部引用的所有变量。这个函数或方法把它引用的所有内容都放在一个上下文中闭合包裹起来。

这里我们要注意,当使用函数 / 过程时,影响运行结果的输入,除了传入的参数外,还有自由变量(Free)。自由变量是根据上下文能确定的变量,在函数中既不是参数,也不是局部变量(参数和局部变量被称为约束变量 <Bound>)。

闭包的关键在于将被引用的自由变量和函数绑定在一起,即使离开了创造它们的环境也不例外。这些自由变量直到所有已知引用都销毁后,才会被垃圾回收机制销毁,这也是某些递归调用超出调用限制(Maximum call stack size exceeded)的一种原因。

除了函数式语言中的闭包概念,我们在其他语言中也会接触到闭包,如 Groovy 中的闭包类型(见代码清单 2-1)和 SICP 书中提到的数学上的闭包,它们都是闭包理论的表达和解读方式。

代码清单 2-1　Groovy 闭包和 JavaScript 闭包

```
// Groovy 闭包的样式
{ -> item++ }
{ String x, int y ->
  println "${x} value ${y}"
}

// 闭包在 Groovy 中是 groovy.lang.Closure 类的实例,可以用 Closure 的泛型来指定返回类型
Closure<Boolean> isTextFile = {
  File it -> it.name.endsWith('.txt')
}
```

```
// JavaScript 闭包实现单例
const Singleton = function(storeName) {
  this.store = storeName;
}

Singleton.getInstance = (function(storeName){
  var instance;
  return function(storeName) {
    if (!instance) {
      instance = new Singleton(storeName);
    }
    return instance
  }
})();

const a = Singleton.getInstance('storageA');
const b = Singleton.getInstance('storageB');   // Singleton {store: "storageA"}
```

闭包是成员变量的早期实现形式，它实现了代码工程化中重要的封装功能。闭包契合推迟执行的编程原则，可以较好地改变部分被执行的环境代码的生命周期，我们在 2.2.1 节介绍惰性求值和 thunk 函数时会介绍闭包的更多应用。

2.1.2　高阶函数

函数在 JavaScript 中被当作一种常见的数据类型进行处理，我们常说函数是 JavaScript 等语言中的一等公民（First-class）。函数可以被用在其他基础数据类型出现的地方。

函数可以作为入参和返回值出现（代码清单 2-1 中，单例方法返回了一个函数），这样使得用函数生产函数、对函数迭代推演成为可能。这也是函数可以在运行时堆叠，产生所谓高阶调用的原因。我们称函数的嵌套高阶调用为高阶函数（High Order Function），高阶函数可以说是编程语言便捷践行函数式的基础。

相对于这种可以高阶调用的方法，我们无法对 Java 类中的非静态方法进行处理加工（在类方法的设计上就不支持）。我们需要对 JavaScript 的 Class 中的内部方法进行一些额外的处理，以实现此语法糖。

First-class 函数可以堆叠形成的高阶函数，也被借鉴到前端其他领域，比如在 React 中我们会遇到的高阶组件 HOC。

2.1.3　Lambda 表达式

Lambda 表达式（Lambda expression）在前端以箭头函数——一种匿名函数的表达形式出现。在 ECMAScript 标准中产生 Lambda 表达式，有助于开发者更好地解决函数直接声明调用和上下文透传的问题。

Lambda 表达式基于函数式理论基础的 λ 演算。在演算的过程中，编程语言无须明确指代 Lambda 表达式代表的函数调用实体（变量名、锚定标识），因为它的理想状态是真正的匿名——我们不能直呼其名，也就不能在外部场合调用它。通过代码清单 2-2 可以看到，设计标准没有额外调用匿名函数获取 arguments 的能力。

代码清单 2-2　Lambda 表达式和 arguments

```
const arguments = ["shadow"];

const callName = name => {
  console.log(arguments[0]);
}

const callRealName = function(name) {
  console.log(arguments[0]);
}

callName("knight");       // "shadow"
callRealName("knight");   // "knight"
```

这样设计的好处在于，如果不考虑运算的次序（求值策略），写代码注释时可以使用函数式语言中更纯粹的匿名函数（Lambda 表达式），在函数被调用（func() 或箭头函数的自执行形式）的地方用函数体（箭头函数的内容部分）进行等价替换（即用函数的内容替换掉函数名赋予的变量）。

这种等价替换是函数代入（Lambda 演算中的 β – 归约）这一概念在编程语言中较理想的体现。所以 Lambda 表达式可以做到上下文的透传，这也是本章将提到的纯函数这一理想状态的需求。

2.1.4　Array 数组集合和函数组合子

在 JavaScript 里，数组是一种特殊的对象，是 JavaScript 语言中集合的通用表示形式（对象和 Map/Set 依然可以使用数组表示）。换句话说，数组可以看作是一个对象，它的 value 是一个集合，且通过原型继承了一些原生方法。

使用数组的某些原生方法如 map/filter/slice/concat 可以实现类似 jQuery、Lodash 等库的语句组合形式，如链式调用、函数作为参数调用（如常见的前端问题：map(parseInt)），也可以用来代替一些控制语句，如 for/while。

在数组集合的操作中，我们可以通过上面提到的 map/filter/reduce 等组合子方法来完成集合数据的映射、筛选、化约 / 折叠。数组使用这类关注结果的方法，取代命令式里常见的详细描述操作过程的保存游标、循环调用等方法。

JavaScript 数组通过包装组合子这一改变编码方式的做法，践行了函数式思想的一些考量。更多类似的组合子方法出现在 jQuery、Lodash 等工具中，在 ECMAScript 新标准中也借鉴了如 some/find/flatMap 等方法。代码清单 2-3 演示了 JSX 中常见的组合子。

代码清单 2-3　JSX 中常见的组合子

```
const sidebar = (
  <ul>
    {
      props.posts
          .filter(post => post.title)
          .map(post => (
            <li key={post.id}>
              {post.title}
            </li>
          ))
    }
  </ul>
);
```

2.2 持续补全

前端函数式从开始设计，到可以工程化应用前，还有一些需要克服的难点和需要补全的特性。比如在设计之初，JavaScript 选择用对象（Object）来实现复杂类型，并设计为按引用传值。这种设计可以节约编码时的存储空间并方便调用，但是值发生变化时会对原址数据产生副作用。后来为了使用方便，通过标准建议和一些工具对前端开发环境的改进，使前端具备了不可变数据结构、尾调用优化等语言能力。高阶函数的编码优化，也使得惰性求值等控制语法在前端得到普及。

2.2.1 基于 JavaScript 高阶函数的编码优化

1. 惰性求值

在介绍 Lambda 表达式和不可变数据结构时，我们都提到了程序执行的次序。

常规程序在运行时一般遵循应用序或正则序。应用序应用于大多数语言，是指先求值参数而后应用；正则序则是完全展开而后归约。这两种执行顺序在不同场景下有各自的优势，虽然大多数语言使用应用序，但我们仍然希望特定场景的代码能具备正则序运算、惰性求值的能力。

惰性求值（Lazy Evaluation/Call-By-Need）支持在程序运行优化时，消解掉一部分不必执行的代码。在控制代码结构时，也可以少运行一些不能触及的方法参数，并且允许代码中出现无穷计算的数据结构，比如自然数队列。

在依赖数据执行的次序或副作用的场景下，应用序的场景是必不可少的。

JavaScript 中我们可以使用 thunk 函数实现惰性求值，也就是把要运行的代码放在一个未执行的函数中，手动控制函数的调用事件。

在前端编码中，我们可以通过两种方式模拟代码执行次序：一种是直接调用已有的函数（实时求值的应用序）；另一种是使用已有数据生成 thunk 函数但并不立即调用（蓄而不发的正则序）。遇到更复杂的应用场景时，我们可以包装人为控制的生成器（generator），或者其他一些可控制迭代的数据类型，以此来实现更高阶的惰性求值。

代码清单 2-4 展示了正则序运算和 JavaScript 中 thunk 的实现。

代码清单 2-4　正则序运算和 JavaScript 中 thunk 的实现

```
// 正则序
(sum-of-squares( + 5 1) (* 5 2))
-> (+ (squares ( + 5 1)) (squares (* 5 2)))
-> (+ (* (+ 5 1)(+ 5 1)) (* (* 5 2)(* 5 2)))
---
-> (+ (* 6 6) (* 10 10))
-> (+ 36 100)
-> 136

// Thunk
const x = 1, y = 2, z = 5;
const plusThunk = function () {
  return x + z;
};
const multiplyThunk = function () {
  return y * z;
};
const squares = x => x * x
function sumOfSquares(tempFuncA, tempFuncB){
  return squares(tempFuncA()) +squares(tempFuncB());
};

sumOfSquares(plusThunk, multiplyThunk);   // 136
```

2. 函数组合和无参数风格

通过 Lodash4 中的 _.flow 和 _.flowRight 方法，我们可以像拼自来水管道的游戏一样把多个函数拼接起来，这很好地解决了函数的组合问题。

当多个函数串行调用时，funcA、funcB、funcC 可以通过 '_.flow([funcA, funcB, funcC])' 的形式调用，而不是 'funcA(funcB(funcC()))'。第一种方法除了更直观以外，也方便我们插入一些对方法再加工的切面编程能力。

这种无参数风格（Pointfree）更关注对方法进行抽离和组合，实际使用的时候也要结合代码可读性和程序的拆分程度进行编码设计。我们在第 5 章讨论代码形式时会进一步剖析这个能力。

3. 柯里化和部分施用函数、偏函数

最后我们引入 3 个在运用函数式思维时会接触的概念。这 3 个概念是类似的，即把函数的部分参数固定后，产生新的函数的过程；柯里化（Currying）则更进一步，它将多个参数的函数直接打散，对参数赋值后，都可以产生新的部分施用函数（Partial Application）。偏函数（Partial Function，比如 Python 中的偏函数）在实现类似功能时，顺序有些不同，思想和部分施用函数类似。

代码清单 2-5 所示是本节 3 个概念的示例。

代码清单 2-5　JavaScript 中柯里化和部分施用函数、偏函数示例

```javascript
// 参数复用
const obj = { name: 'test' }
const foo = function (prefix, suffix) {
  console.log(prefix + this.name + suffix)
}.bind(obj, 'currying-')

foo('-function'); // currying-test-function

// 柯里化 / 延迟计算
var add4args = (x,y,z,t) => x + y + z + t
var add = _.curry(add4args)
add4args(2, 3, 4, 5)
add(2)(3)(4)(5)
add(2)(3, 4)(5)

// 部分施用函数 / 偏函数
function partial(func, ...argsBound) {
  return function(...args) {
    return func.call(this, ...argsBound, ...args)
  }
}

function printLog(time, log) {
  alert('[${time}] ${this.firstName}: ${log}!')
}

let _now = new Date()
```

```
let printNow = partial(printLog, _now.getHours() + ':' + _now.getMinutes())
printNow('get shopid error')
```

柯里化对函数方法的粒度进行了最彻底的拆解。就像一些重构者希望每个模块只有少数几行可执行代码一样，柯里化帮助我们在执行编码时把函数方法拆解到最小。

在 JavaScript 中，提前使用部分施用函数可以减少参数数量，以方便对函数进行组合和拆分，实现参数的复用；也可以包装 thunk 和帮助延迟计算、动态生成函数（函数工厂）；我们还可以方便地使用模板和隐藏一些接口调用的参数。

2.2.2 基于工具和标准的再加工

1. 不可变数据结构

不可变数据结构（Immutable Structures）包含了两个特性：不可变性和持久性。

不可变性意味着数据结构一旦创建就不能被修改了；持久性是指当尝试改变不可变数据结构时，总会返回一个建立在旧数据基础上的新数据结构。

不可变数据结构意味着程序每一步运行时都不会对入参和程序过程中引入的其他值造成影响。虽然我们关注的是最终结果，但入参或其他值的改变会造成并发和并行的不可控、函数执行的非幂等（或者看起来非幂等）、程序执行次序对过程影响大等情况。这明显违背了函数式想减少影响的初衷。

基础类型的数据，比如 String，数据结构本身是不可变的，但按地址存储的 JavaScript 对象则显然不具备不可变性。

JavaScript 使用者们常使用 Lodash 或其他库中对于对象 Object 的 cloneDeep 方法，维持对象数据的持久性，还会通过 Immutable.js 这类工具维持数据的不可变性。数组方法中的 map 等操作也可以用来在最浅的一层克隆产生新的数组对象。

2. 尾调用优化和 CPS

早期的浏览器引擎是不支持尾调用优化（Tail-call Optimization）的，所以当我们计算经典的斐波那契数列或进行其他一些递归操作时，非惰性的方法计算可能会触发堆栈调用超限的提醒。

如果每次递归尾部返回的内容都是一个待计算的表达式，那么运行时的内存栈中会一直压入等待计算的变量和环境，这就是产生超限的根本原因。而如果我们使用 Continuation 编程风格（Continuation Programming Style，CPS）将程序写法变为返回新的递归方法，函数的调用就可以等价替换为返回的结果。此时若运行环境支持优化，则立即释放被替换的函数负载。

这个过程我们可以参考代码清单 2-6 进行理解。

代码清单 2-6　JavaScript 阶乘计算

```javascript
// 一直将外层调用保存在内存栈中
function factorial(n){
  if (n <= 1) {
    return 1;
  } else {
    return n * factorial(n - 1);
  }
}
factorial(1000000);

// 返回函数调用，开启尾递归优化
function factorial(n, acc){
  'use strict'
  if (n <= 1) {
    return 1
  } else {
    return factorial(n - 1, n * acc)
  }
}
factorial(1000000, 1);
```

跨越时间的尾递归给我们带来诸多迭代上的可能性，比如长时间的进程监控、轮询操作等。实际操作时，即便环境不原生支持，我们也随时都可以重新发起轮询。这也是使用 CPS 的另一个好处——迭代的中间结果是一个独立的运算过程。

此时大家可以看到，在比其他语言灵活的 JavaScript 语言下，编写代码的方式和思路可以影响状态和过程的运行，同时也会受到外部环境的支持和优化。

3. 运算符重载

二元运算符表示运算可以通过定义两个参数的函数方法来执行，比如把加法、求属性值的点运算改为运算函数、"_.get"的方法进行处理。新的函数方法还可以加强原来的运算符能力，比如加法函数中增加精度处理、求属性值函数中处理"undefined.a"这种运行时错误。

不过我们还希望使用一元运算符等符号扩展出更方便的语法，比如求点值，这样就可以早一点使用"?."这种新的受保护访问运算符，也可以使用其他语言中"|"和"|>"这种管道操作符。这涉及语言设计之初的考量：与其他的语法逻辑是否会产生冲突、是否符合语言的设定风格等。类似操作符的作用可以参考代码清单 2-7。

代码清单 2-7　Elixir 管道操作符

```
// 使用 Elixir 管道操作符后写法上的变化
func1(func2(func3(new_function(base_function())))))
base_function() |> new_function() |> func3() |> func2() |> func1()

// 运行示例
iex> "Danger keep out" |> String.upcase() |> String.split()
["DANGER", "KEEP", "OUT"]
```

语法层面的支持最终靠语言标准的建议和引进，以及对语言代码的重新解析来实现，比如 Babel 和 TypeScript 对"?."的支持。

2.3　函数式的抽象单元

上文我们说到，函数式编程思维的一个目标是尽量减少演算后对外界产生的影响。在系统层面我们无法减少这种影响，它取决于我们对外输出的结果。我们期望在较小的单元贯彻最小影响的原则，常用的关于函数对外影响的概念有 3 个：副作用、引用透明和纯函数。

2.3.1　副作用

副作用（Side Effect）的主体是一个"过程"，即我们在命令式编程中提到的函数、方法等。副作用指这个"过程"运行后，不只是对传入值操作产生传出值，还对这两个值以外的部分产生了影响。

比如我们前端经常做的就是在方法中对"this"进行修改或绑定，即使我们在返回结果时并不显式地返回它。前面提到的可变的、按地址引用的对象增加了产生副作用的可能性，也催生了很多状态管理工具。

从编程思想的角度说，函数式编程和命令式编程的一个区别在于是否偏向通过副作用达到目标。

2.3.2　引用透明和纯函数

当函数没有明显的副作用，且没有隐性的依赖时（或者我们把隐性依赖放在了明面上，也就是调用参数里），函数相同的入参能够输出相同的结果，这样的函数我们称为纯函数（Pure Function）。

在这种理想情况下，如果在环境 b 中调用 funcA()，可以在运行环境中替换成结果 r，而不改变 b 的含义，我们就可以说 funcA() 对于环境是引用透明的。

引用透明和纯函数这种幂等的形式可以给我们带来很多好处。

首先是代码和结果便于记忆（flux 的 store）和缓存（_.memoize），其中缓存是搭建大型项目的一个重要内容。其次，这将增加测试的可行性。每个引用透明的过程都可以看作一个黑盒单元。纯函数的组合串联仍然是纯函数，这些黑盒也便于组合。最后，代码模块化效果会更好，因为状态可变动的位置在收敛，所以代码会变得更健壮。我们可以通过代码清单 2-8 对副作用和状态的收敛进行理解。

代码清单 2-8　JavaScript 副作用和状态的收敛

```
// 副作用（状态改变）更容易
if (this.newVersion) {
```

```
try {
  const titleName = this.currentPageInfo.name
  window.jsBridge.page.setTitle({title: titleName},    // 对外操作
  function (err, res) {
    if (err) {
      console.log('set title error')    // 对外操作
    } else {
      console.log('set title succeed')
      window.jsBridge.showToast(res)
      this.title = res
    }
  })
} catch (e) {
  console.error('修改title失败')
}
}

// 减少可变的状态
this.x = 2
function f(y) { return this.x + y }
function fplus(y) { return f.bind({x: 1})(y) }
var g1 = f(2)
var g2 = fplus(2)
// got  4  3
```

2.4   案例和代码

本章我们讨论了更多函数式特性，在前端开发的工具以及常用的模式中经常用到这些特性，比如高阶函数、Lambda 表达式等。除了日常使用外，这些特性也能帮助我们编写出更适合相应场景的业务编码。

2.4.1   闭包和单例

在 2.1.1 节我们用闭包实现了单例。单例是前端开发经常用到的模式，前端使用单例实现 React 等框架中的全局变量和服务，如代码清单 2-9 所示。

代码清单 2-9   闭包和单例实现彩蛋功能

```
// 1   使用单例服务的全局变量展示彩蛋数量
// services/config.js
```

```javascript
const Singleton = function(easterEggsCount) {
  this.storeEasterEggsCount = easterEggsCount;
}

Singleton.getInstanceEasterEggsCount = (function(){
  var instance;
  return function() {
    if (!instance) {
      instance = new Singleton(1);
    } else {
      instance.storeEasterEggsCount += 1;
    }
    return instance.storeEasterEggsCount;
  }
})();

global.constants = {
  getEasterEggsInstatnce: Singleton.getInstanceEasterEggsCount()
  appname: 'breakthrough',
};

// 调用彩蛋功能方法，省略业务逻辑
// pages/overview/OverviewEvaluation.js
import React from 'react'
import '@/services/config';

class OverviewEvaluation extends React.Component {
  render() {
    return (
      <div className="over-view-e-page">
        { global.constants.getEasterEggsInstatnce }
      </div>
    )
  }
}

export default OverviewEvaluation

// 2 使用 React 支持的 Context 完成类似功能
// pages/easterEggs/EasterEggsCountContext.js
import React, { createContext } from 'react'
const EasterEggsCountContext = createContext();

export default EasterEggsCountContext;

// 外层代码，生成全局数据
```

```
// pages/OverviewPage.js
import React, { createContext } from 'react'
import EasterEggsCountContext from './easterEggs'
// 省略业务代码

class OverviewPage extends React.Component {
  constructor(props) {
    super(props);
    this.state = {
      easterEggsCount: 0
    }
    this.increaseEasterEggsCount = this.increaseEasterEggsCount.bind(this)
  }

  increaseEasterEggsCount() {
    if (100 * Math.random() > 95) {
      this.setState({
        easterEggsCount: _easterEggsCount + 1
      })
    }
  }

  render() {
    const _easterEggsCount = this.state.easterEggsCount
    return (
      <EasterEggsCountContext.Provider value={ _easterEggsCount }>
        <div className="over-view-page"
            onClick={this.increaseEasterEggsCount}>
          // 省略业务代码
        </EasterEggsCountContext.Provider>
      )
  }
}
export default OverviewPage

// 子组件，使用全局数据
// pages/overview/OverviewLink.js
import React from 'react'
import EasterEggsCountContext from '../easterEggs'

class OverviewLink extends React.Component {
  render() {
    return (
      <EasterEggsCountContext.Customer>
        {
          easterEggsCount => (
            <div className="over-view-1-page">
```

```
        { easterEggsCount }
      </div>
    )
  }
  </EasterEggsCountContext.Customer>
  )
  }
}

export default OverviewLink
```

2.4.2　数组方法和链式调用

我们在使用数组方法时，经常会使用链式调用。使用链式调用编写的代码能更直观地展示数据的处理过程，使用链式调用的原因是让数组方法能返回仍是数组形式的数据主体。

我们可以参考代码清单 2-10 中的代码实现来学习数组方法和链式调用。

代码清单 2-10　数组方法和链式调用示例

```
// 数组方法和链式调用
// 1 实现 "展示数字时添加千分位符" 功能
// tools/untils.js
const addThousandSeparator = strOrNum => {
  return (parseFloat(strOrNum) + '')
        .split('.')
        .map((x, idx) => {
          if (!idx) {
            return x.split('')
                    .reverse()
                    .map((xx,idxx) => (idxx && !(idxx % 3)) ? (xx + ',') : xx)
                    .reverse()
                    .join('')
          } else {
            return x
          }
        })
        .join('.')
}

console.log(addThousandSeparator(123345678889))
console.log(addThousandSeparator(11.1234567))
```

```
console.log(addThousandSeparator(1))

// 2 答题时倒计时功能的简单实现
// pages/puzzle/PuzzlePage.js
const countToNumber = (number, times) => {
  setTimeout(() => {
    this.setState({
      count: number
    })
    if (number === 0) {
      this.setState({
        usable: Object.assign(this.state.usable, {
          start: false,
          retry: true,
          submit: false,
          input: false,
        })
      })
      this.counting = false
    }
  }, times * 1000)
}
Array
  .apply(null, { length: startCount })
  .map((x, idx) => idx + 1)
  .forEach(x => {
    countToNumber(startCount - x, x)
  })
```

2.4.3 惰性加载

2.2.1 节介绍了惰性求值的内容。惰性求值和实际编码中常常使用的惰性加载功能类似，它们的目的都是通过改变代码执行顺序，减少运行不需要执行的代码。

在 React 的项目里，我们常会用到惰性加载，如代码清单 2-11 所示。

代码清单 2-11　惰性加载和惰性求值

```
// 惰性加载
// pages/OverviewPage.js
// React.lazy 形式引入依赖
const OverviewMatrix = React.lazy(() => import('./overview/OverviewMatrix'))
// 配合 Suspense 惰性加载组件
<Suspense fallback={<div>Loading</div>}>
```

```
    <OverviewMatrix />
</Suspense>

// 惰性求值中的 thunk 概念
// redux-thunk 的引入使得 Redux 的 Action 可以使用函数进行 dispath 异步操作
// pages/index.js
import { createStore, applyMiddleware } from 'redux'
import reducer from '../redux/reducer'
import thunk from 'redux-thunk'

const newStore = createStore(
  reducer,
  applyMiddleware(thunk)
);

// redux/action.js
const changePuzzleSid = (puzzleSid) => dispatch => {
  const dispatchObj = {
    type: 'PUZZLESID',
    json: { puzzleSid },
    receivedAt: Date.now(),
  }
  return dispatch(dispatchObj);
};

export {
  // 省略其他 action
  changePuzzleSid,
};
```

现在，我们使用一些前端语言特性，完成了部分通用开发和业务需求，比如第 1
章和第 2 章示例中的优化软件性能和实现系统全局变量。

如果没有这些语言特性，开发者就需要等待编程语言标准进化后提供更多编译环
境能力。这些语言特性还可以衍生出更多编程上的偏好，这些偏好就是我们将在第 3
章介绍的函数式思维和前端特征。

2.5　本章小结

至此，我们了解了前端常用的一些函数式概念，其中很多内容之所以得以在前

端实现，主要是基于 JavaScript 中的高阶函数和语言本身的灵活性，产生的效果则主要指向程序的健壮性。如果能处理好 JavaScript 类型、环境等带来的不利因素，通过这些基本的概念就能看到函数式思维在代码质量、代码可读性、代码扩展性上做出的提升。

有时我们更换了一种编码风格，却不一定更加方便、合理。这是因为在编码设计阶段，就应该慎重考虑新代码的设计思想和使用工具的出发点。函数式思维会推动我们写出更多描述性代码，在第 3 章我会和大家分享一些函数式设计背后的工程思想，我们把这些分散的概念串接起来，一起讨论更多前端语言带给我们的思考和帮助。

第 3 章 *Chapter 3*

函数式思维和前端特征

关于语言和语言范式的演进，早在 ES6 加入 Lambda 表达式和更多数组组合子方法的时候，主流高级语言如 Java、Python 等就支持类似的语法特性。关注前端框架、库中的内容，参考 Java 虚拟机平台上的语言（Groovy、Scala、Kotlin）的发展，我们可以看到以类操作为主的主流业务语言都在逐渐吸收函数式编程的优点。

其中，无论是语言特性、框架和库的补充，还是设计模式的实现，都在寻求能更系统化地解决编程实现中遇到的问题的最佳方案。

JavaScript 在设计之初是比较简洁的，后面开发的内容以在这些简洁内容上进行扩展为主。凭借对函数良好的支持、原型继承特点和灵活的语言特征等优势，JavaScript 化繁为简，用精炼的元素堆叠出复杂的结构。在大多数业务场景中，我们更倾向于用 JavaScript 保持项目精简。基于函数式的设计可以提高系统的稳定性，这需要开发者思考函数式的编码思维和其他主流业务开发的区别，再结合前端的特征进行考量。

3.1 状态和副作用

对于大多数系统来说，我们根据系统状态决定系统采用的运作模式，这些状态体现在系统之外，比如高层建筑使用速度较快的电梯，而低层公寓可以选用成本较低、运行较慢的电梯。

在系统内部，我们用明确的局部属性、状态值和调用全局变量来记录当前系统的状态。电梯里有几个人、按了哪几层按钮，通信场景里网线开通到哪个路由节点，这些都直接影响系统接下来的行为。甚至系统的外观（贴图、广告页）也会影响用户的判断和行为，如图 3-1 所示。

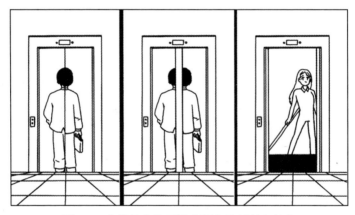

图 3-1 电梯的广告页影响用户的判断和行为

在编码语言层面，我们使用条件控制语句（if/while）描述在某些状态下程序执行的次序和跳转方向。我们还会用 for 循环语句检查所有元素是否满足某些条件，进而选择做映射处理还是 break 操作。如果把代码块看作一段过程（一个模块），执行语句会产生输出结果以外的副作用（条件控制语句一般没有标准的输出结果，所以产生副作用就是运行这段代码的意义），进而影响模块以外的系统状态。否则运行这段代码只是一个占用资源（也是对资源产生的副作用）、无意义的过程。

状态和副作用如同流程树中每段流程伸出了枝丫，理想情况是流程树组成了一小片森林，而实际上很可能是一片荆棘。这些流程树需要有很好的聚合度，每个模块需要能灵活处理因外部状态变化导致的内容改变。当外部状态变化不可控、模块执行的时序对模块产生了影响时，整理起来会很麻烦，图 3-2 所示是凌乱的状态管理。

图 3-2　凌乱的状态管理

良好的设计可以帮助开发者避开系统中各状态的高耦合。从全局角度来说，开发者可以借助一些额外的分层，如适配器、中间者、代理、外观包装等模式，限制因内部状态变化产生的交汇影响，减少对外耦合。从每个细粒度的流程上看，我们希望系统是一个高度封装的纯结构体，便于后期调试、替换，并且稳定运行，进而确保系统的可维护性和扩展性。

在函数式思维中也要处理状态和副作用，没有状态和副作用的程序是无意义的。函数式的一般处理方式是基于要发生的"过程"，偏向于把状态处理集中在过程的一端，尽量理想化地将其处理成过程的输入参数，将副作用集中在过程的另一端作为输出结果。

还有一种处理方式是把一些对外部的依赖写在模块中，作为一种可被封装的不确定因素，比如对父类的 Super 调用、对 this 中信息的调用等。面向对象语言常常封装这些不确定因素，而函数式则倾向于在外部暴露它们，从而减少内部的不确定性。

这些形式都不是绝对的。在实际编码时，前端框架如 Flux、React Hooks 的一些写法也可能把影响外部再次调用的内容重新拉入模块（组件）内部。这些做法最终还是会展开成较为纯粹的函数调用链路，但写法上更符合开发者的编写习惯。

函数式语言的设计出发点偏向于研究怎么把"过程"进行组合、拼装和复用，这个组合、拼装的过程最好没有外部状态参与。大型项目需要对这类"过程"（需要集中管理的命令）进行一些批量的业务操作和必要的抽象封装，下面我们继续讨论这些业务过程的抽象。

3.2 过程和高阶抽象

函数在某些语言环境下是可执行的过程，构建过程抽象和构建数据抽象是计算机语言系统的两种编程语言世界观，而抽象的核心在于对本质的解释和对屏蔽细节的处理。

我们可以简便地使用类型 / 原型来定义一个实例，以便高效地声明一类数据模型。随着时间的推移，这些数据模型的状态会发生变化、互相影响，进而演化出整套系统。

这种描述有些类似电影中的群戏，如图 3-3 所示。在电影《十二怒汉》中，12个主角代表了 12 种人物类型，剧中人物的行为（状态变化）来自每个人物（实例）的设定。这些行为相互推进，影响整个电影（数据模型）的走向。

图 3-3 电影中的群戏示意图

群戏的核心在于多种事物的串联行为，需要先对事物进行描述，再对行为进行归类，进而按照剧本驱动光影（系统）流转。

与之类似，我们也可以高效地抽离受到较多关注的过程，通过命令、迭代器对过程 / 函数进行类型描述，这种编程叙事的世界观来自数据模型层面的抽象。

从过程推演的角度来说，如果不是很执着于过程的归类和定义，我们可以尝试多做一些事情。

3.2.1　便捷地对过程反复包装

在 JavaScript 的前端函数式思维中，对过程进行反复包装的优势有二：首先函数式可以使用匿名函数，即没有锚的过程抽象；其次在函数式之外，我们可以利用语言特性实现一些元编程能力，比如模板能力、原型能力，这方便我们打破类型束缚和编译期限制。

元编程的语言能力没有指定的内容（在 JavaScript 中修改原型使用的是 Ruby 语言的 Method_missing 方法），甚至不是必选的，而且使用元编程还意味着纯函数会受到隐性的影响。但如果我们不能快捷地在运行时更改"方法"的运行方式，对过程编码的精简处理就会变得很烦琐。

更灵活的编程语言能力往往意味着更大的编码风险，不过函数式集中处理状态和副作用会帮助我们处理风险，甚至提高代码的稳定性。函数式的类型处理也更关注语言能力，这部分内容我们将在 3.5 节展开介绍。

代码清单 3-1 展示了过程的便捷封装以及封装后的方法在 JSX 中的使用。

代码清单 3-1　过程的便捷封装及使用

```
// 对数组 map 的容错操作
const _map = (arr, func) => !!(arr && arr.length) && arr.map(func)

// JSX 中的应用
{
  _map(items, group => {
    return (
      <div key={group.id} className="grid-row">
        {
          _map(group, x => ( <div key={x.id}>{x.name}</div> ))
```

```
      }
    </div>
  )
})
}
```

3.2.2　另一种编程世界观：流过系统的信息流

我们将这种编程世界观的表达形式类比为电影中的长镜头。长镜头往往以一个主要事物和它的状态（主角或其他事物的视角）来推进情节，一个镜头反复切换到需要观众关注的内容上，而不切换大场景，一镜到底地表述整个过程和结果。很多电影，比如《鸟人》（见图 3-4）就使用了这一经典的拍摄手法。

图 3-4　长镜头 / 一镜到底示意图

信息流式的系统更贴合我们现在的互联网场景。通过营销手段吸引用户登录商业平台，用户浏览商品后，有一定概率会下单；商家履行契约，通过平台派单给骑手；骑手接单后，配送商品，最终完成整个交易，如图 3-5 所示。这一场景明显区别于早期以信息归纳、增删改查为主要能力的管理系统（简单留存顾客电话和地址的网上订购模式）。

图 3-5 中，整个链路使顾客、商家、订单、配送等关键字段串联出清晰的软件模型。对于信息流来说，我们可以有更多精力关注过程本身的工作：并发 / 并行、同步 / 异步、有限工作 / 无限待命，以及工作流的合并 / 拆分。

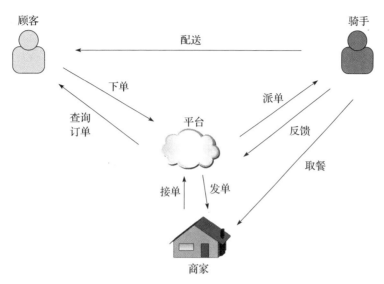

图 3-5　信息流式系统中的交易和履约场景示意图

如果能系统地区分过程的种类并进行优化，就可以节省更多处理业务流程的精力。本节提到的两种编程时对过程高度抽象的方式：**反复对过程进行抽象和对信息流过程处理方法的归纳**，使得我们可以更高效地描述系统的运行过程。

现在我们已经了解了函数和过程的抽象，在设计系统时可以站在全局进行思考。3.3 节我们将回到程序的设计中，看一看函数式思维影响代码的两个重要体现：程序本身拥有更多控制权和函数式思维对数据结构的影响。

3.3　运行环境承担更多的职责

编译期或者代码部署期间（Webpack 作用时），我们可以借助工具处理部分工作，比如发现代码类型错误和提高代码覆盖率、减少代码体积等。函数式语言并不排斥这些工具，多数函数式语言也并不是 JavaScript 这样类型松散的解释型语言。

在 3.2 节介绍过程和高阶抽象时，我们提到了系统更高效的表达方式，本节我们展开介绍前端代码运行时环境承担的一些常见功能。

3.3.1 循环、映射和递归

对一类事物进行批量处理是机械计算的高效表现之一。在前端我们通常使用 for 循环对 List 对象（数组表达）执行循环操作，for 循环需要声明数组长度和底标的步进。

如果使用 map 操作将数组当作集合来处理，那么集合的边界本身作为集合的一个特性，在运行时便约束了循环的界限，这时我们做的是按照 map 方法进行简单映射。

递归是一种解决过程堆叠的方法，在运行时承担了更多的工作。递归的终止时机取决于上一层返回的结果，也就是在编码时，我们只能给出终止条件，但代码段的执行次数不像拥有步进或枚举条件的循环那样一目了然。通过第 2 章介绍的尾递归和 CPS 我们可以看出，完整的递归操作会将函数的返回结果持续包装进新的递归方法中，进行反复调用。

递归在完成操作之前，副作用最收敛，不依赖外部状态变化和内部消化条件。也就是说，递归将状态的管理和转移交付给运行时，是更接近底层级别的操作。不过递归的缺点也比较明显，更底层的操作更难控制资源消耗，控制不好会造成调用栈超限，此时我们要根据环境适当增加递归次数或对时间、空间进行限制。

综合考虑编码效率和稳定性，函数组合子优于递归，递归优于循环。在我们使用函数组合子和递归时，系统都基于运行时承担了一些代码限制功能，高阶函数 / 过程的调用取代了迭代。当然，如果从可手动操作和可以提前退出这两点带来的运行效率来看，循环和递归更优。表 3-1 是循环 / 迭代、递归和映射 / 化约的优缺点对比。

表 3-1　循环 / 迭代、递归和映射 / 化约的优缺点对比

	循环 / 迭代	递归	映射 / 化约

示例	var i, r = 0
	for (i = 10; i > 0; i -=1) {
	　r = r * i
	}
	return r
		const fn = (i, r) => {
		　return i > 0 ?
		　　fn(i-1)*r : r
		}
		return fn(10, 1)
			Array.apply(null, {length: 10 })
			.map((x, idx) => 10-idx)
			.reduce((x, y) => x * y)

（续）

	循环 / 迭代	递归	映射 / 化约
触发下一过程（next）	for 循环步进 i -= 1	每次新的函数调用 fn(i-1)*r or r	map 函数同步映射，reduce 函数从左到右逐步操作
结束边界（end）	for 结束条件 i > 0 可使用 break 语句	运行时不再调用新函数时	数组边界
提前结束（break）	可直接使用 break 语句	是否提前退出需要根据返回表达式决定	一般不可使用 break 语句，可在 map/reduce 函数中控制不执行
迭代次数（times）	由初始条件、步进、结束条件决定，可直接计算得出	依赖上次的返回结果	一般为数组长度
副作用	须声明额外变量，产生的结果即为循环代码块的副作用	整体比较封闭，可手动添加循环次数限制和手动添加副作用内容	整体操作，一般不建议副作用操作（比如 map 函数中使用别的数组推送结果）

感兴趣的读者可以思考一下没有锚点时递归的等价描述：不动点和 Y 组合子，以便更细致地了解函数式内涵。

运行时环境承担了更多编码能力还有另一种优势，那就是当开发者想提高编码的处理层次时，在运行时承载的工具方法并不需要多次编译（除非是语法层面的更改）。从语言层面来看，在运行时处理更高一级的过程抽象是非常有必要的。

3.3.2 函数式过程抽象忽略的细节操作

为了更高效地处理核心逻辑，高级语言已经逐步包裹了烦琐的细节处理。相对于早期语言，Java 和 JavaScript 的垃圾处理机制（GC）更为方便。

代码运行场景中最核心的内容是输入 / 输出和调用 / 消耗。如果参照函数式的理想封装模型，固定的输入内容会得到固定的输出结果。我们可以用输出结果对函数调用做等价转换，当我们不再关心封装在黑盒内的细节时，黑盒的结果可以作为缓存记忆。这一操作就是对于过程抽象细节的封装。

当我们使用类型约束代码时，在类为主要结构的语言中，每次演进类型的声明和推导都很重要。我们可能会依赖泛型来填补方法处理中参数类型的不确定性，而从 JavaScript 的角度或参看其他函数式语言，类型标识更多是对于函数方法的描述。我们最终关注的是类型表述为" f:: a -> b -> c -> a "的过程描述和参数 *a* 的类型描述，那么过程中的类型细节也和过程抽象本身一样可以进行封装。这一过程类似自动洗车机器，如图 3-6 所示，我们只关注结果，也就是洗完的汽车。

图 3-6　自动洗车机器——汽车变为洗完的汽车

除细节封装和类型简略之外，闭包和函数部分施用等函数式特征，将无用环境变量的回收时机、函数的调用时机（惰性调用）等工作交付给运行时。运行时和函数式特征相结合，可以帮我们屏蔽很多操作细节。

3.4　类型和数据结构

本节我们会探讨更多类型和数据结构的内容，它们是从结构上描述对象的核心概念。

3.4.1　面向能力的数据结构

传统命令式 / 面向对象语言鼓励开发者建立专门针对某个类的方法，而函数式鼓励的是在数据结构上使用共通的变换。某些语言在对集合做映射处理时，可能在一类子类中实现 map 方法的接口。而在 JavaScript 中，我们可以使用" Array.prototype.map "方法直接处理所有具备 length 属性和自然数下标的类数组鸭子类型（可以参考代码清单 3-1 中 range 的实现）。

数据结构和类内部方法的绑定操作很重要，确保了方法调用时的合理性和精准度。在构建大规模系统时，良好的数据结构可以给代码带来更强的约束。函数式的关注点在于数据的操作过程和变化，它可以不使用类结构，而使用具备某些能力的结构体进行数据操作。

Haskell 中有明确的类型类（TypeClass）的概念，int 类是明确的 Eq（可判断相等）、Ord（可比较大小和排序）和 Show（可转为字符串表述）的实例类型，这有些像 Java 中实现 isEqual 和具备其他能力的接口，更类似 JavaScript 中的能力检测，根据判断给定的数据是否具备 toString 方法，来判断是否进行某些操作。

类型类和能力检测方便我们跨越类型进行某些操作，比如基于 Show 类型类和 toString 方法做全局的序列化。在 JavaScript 中，以是否具备某个属性、某种能力来判断是否进行某些操作，比另一种过程变量必须是某种类型，且需要使用类型结构的变化才能完成特定操作要方便一些。

我们刚提到的数据结构主要是基于业务模型的类结构，它们不会增加流程的复杂度，过程操作应尽可能少出现数据结构，以方便编码者对关键分层处（如前后端分离时的接口约定）的结构进行监测和模拟，也方便程序在数据不满足细节条件时，抛出相应的错误并处理。在函数式影响的语言中，我们更希望基于业务的数据结构是一个灵活的结构体。

一个普通的 JavaScript 对象可以通过表达式添加 length 方法和自然数 keys 形成数组对象，而基于类型结构的语言需要使用转换器才能做到这一点。在第 4 章我们会介绍一个 Just 对象，通过增加 flatMap 方法可以很轻松地形成 Maybe 对象。如果我们希望能这样灵活地操纵数据，就需要对数据结构和类型进行重新分类，做出必要的取舍。

言到此处，可能很多读者已经发现，在语言层面进行类型的划分并非那么绝对。在一些类语言中，某些能力可以通过某些接口的类来实现，而函数式语言如果做底层和工具开发，仍然需要使用类型配合约束工具定义出各种树、链表等适合运行算法的结构。

我们使用类型和类似能力的根本原因在于业务层次需要做强类型约束和校验，这实际上是一个关于数据结构粒度的问题。在 Web 业务层面，我们通常只需要下探到数据对一些粗粒度的接口实现上（如 thenable 函数、sortable 函数），更深层的结构约束很难调动 JavaScript 引擎做更多优化，反而会增加 JavaScript 运作时的圈复杂度。想要提高更底层的开发效率，需要一些语言层面和运行环境层面的能力加以配合，我们就不展开讨论了。

3.4.2 对场景下类型的作用进行替换

在 JavaScript 中我们可以凭借能力 / 接口层面的业务类型进行更细致的操作。我们从类型系统中得到的最大好处是获得统一模块实例行为的能力。在其他常见业务开发语言中，类型系统还会帮助我们完成代码的封装和复用，以及在编码时的代码检验。

在前端，函数通过自身行为特性，比如闭包，帮助开发者实现便捷封装。我们还可以借用一些工厂方法和元编程能力，进一步实现函数的封装和复用，这也是 JavaScript 实现 Class 语法糖的封装方式。前端经常切换使用执行函数生成对象和使用类生成对象这两种方式产生目标实例，它们的区别在于前者要额外考虑成员的封装，而后者最好能确定生成专门的构造函数。

考虑到出入参的约束问题，如果忽略编译期间的类型检查，我们可以在函数组合的传入部分进行手动校验，并根据类型重载，在代码执行时把异常态向后传导，对运行结果进行检查。

除去编译器对代码的检查，编码时我们完全可以按照需求，对类型的约束作用进行补强。补强会增加编码复杂度，但我们更关注编码的目的和方式。补强过程需要设计好调试姿势，以补充约束能力。代码清单 3-2 演示了手动类型约束操作。

代码清单 3-2　深克隆和组合模式根据反射类型判断实现多态 / 根据闭包变量记录引用

```javascript
// 深克隆和组合模式
function cloneDeep(target){
  let copyed_objs = [];
  const _cloneDeep = target => {
    if (!target || (typeof target !== 'object')) {
      return target;
    }
    for(let i= 0; i < copyed_objs.length; i += 1){
      if(copyed_objs[i].target === target) {
        return copyed_objs[i].copyTarget;
      }
    }
    let obj = Array.isArray(target) ? [] : {};
    copyed_objs.push({ target:target, copyTarget:obj});
    Object.keys(target).forEach(_key => {
      if(obj[_key]) { return; }
      obj[_key] = _cloneDeep(target[_key]);
    });
    return obj;
  }
  return _cloneDeep(target);
}
```

回到前端场景，JavaScript 拥有快捷实现对象的能力，并不一定要向类的实例靠拢。快速对对象进行校验，有时可以减少对模板的额外开发，此时类型只是作为一种模板，应用在对象通用场景并不多的情况下，不应该进行过多的描述。

关于类型还有更多内容需要考量，比如类型可以提高编辑器对代码的理解能力；可以帮助我们在编码时快速查看对象的结构（如枚举值），等等。我们可以根据项目的深度和复杂度选择类型方案，不要在非必要时引入新的实体。

进行函数式编程时，我们还要依赖函数式语言的特性完成过程的切面操作。函数式编程偏向于在代码的执行阶段操作对象，使用函数式语言去迎合问题，通过重塑语言来解决问题，这样也更容易产生描述式风格的代码（声明式代码）。

编码中的问题其实可以通过一些解决方案进行处理，如经典的设计模式、各语言的特性和这些解决方案的快速上手包——框架。在 3.5 节我们将对函数式和前端的设计方案进行更多的讨论。

3.5 设计模式和语言特征

设计模式可以看作赋予了名字、编目记录的常见问题的解决方案。设计模式诞生之初主要基于主流的命令式语言加上以类为基础的封装模式。

在繁杂的前端场景中，设计模式的很多常用模型已经包含在语言特征和框架的实现中（如单例：有初始值的闭包元素）。结合 JavaScript 灵活的数据结构，一些设计模式在前端的实现是非常简洁的，我们通过下面两个例子进行说明。

1. 访问者模式

访问者（visitor）模式可理解为基于调用者的方法重载（编译时的多态）。在函数式语言中，我们有时会遇到和命令式一样的问题，编程语言自身可能不支持参数重载。这时我们可以在方法中根据访问者的类型结构，做不同的 mapping 处理。

2. 组合模式

这里的组合（composite）模式指的不是函数式的函数组合，而是对存在包含关系或指向关系的节点（node）和枝叶（leaf）的组合操作。组合模式广泛应用于前端级联选择器或其他树结构的业务组件中。

如图 3-7 所示是级联选择器的访问者和组合模式。

图 3-7 级联选择器的访问者模式（左）和组合模式

如果我们使用对象直接操作，只要根据当前目标是否含有子节点等后续节点，灵活做出有分支的操作即可。

两种模式的代码都可以参考代码清单 3-2 中深克隆代码的内容进行理解。

这些模式的前端处理看起来有些随意，却都能方便地对对象结构进行操作。编码设计的一个出发点是合成复用原则，它同时体现了开闭原则。这些原则的实践之一是使用组合和聚合代替继承复用，以便保持良好的封装性和减少新旧类的耦合度，进而保证代码良好的扩展能力和改进代码时的稳定性。

函数式的思想也偏向于对对象结构的扩展。结合之前提到的不可变数据结构，扩展行为可以保持原型的数据结构，方便在编码中实现缓存（备忘录 Memento 模式）和其他特征。如果编码涉及更多的时序和并发操作，不可变数据结构原本就符合线程安全的要求。

函数以各种形态的第一公民类型存在于很多语言里，尤其是在 JavaScript 中，函数更是以对象的形态存在的。我们对函数的抽象操作可以具象到对一类数据结构的操作，此时，我们可以在高级函数，甚至语言层面（自举、计时器模拟调度线程）调控系统调用函数的行为。这里我们需要解决一系列的问题：占用的空间和运算资源、运行时错误、任务的调度等。

3.6 节会以异常态为例，介绍函数式语言如何在代码中再次对运行时进行包装。

3.6　异常态

一个良好的系统，除了会产生常态的错误信息外，还可能产生运行时的异常。我们经常看到的" Cannot read property 'xx' of undefined"这种语法错误，多源于缺失类型约束。其他常见问题还有堆栈溢出、一些框架如 React 在做代码转换时的错误等。

对于运行时才出现的错误（除了大范围的数据资源缺失外），我们使用函数式时更倾向于把错误当作正常态进行处理。这样处理之所以可行，是因为基于过程的高阶抽象可以包裹运行环境，接住错误并处理成错误对象，这样做方便开发者对错误进行传导、收集和改进。

异常态的处理有两种归宿，一种是让它消失在被捕获后，另一种是让它带来系统的可控崩溃。我们日常写的业务代码崩溃的代价不总是可控的，有时代码运行错误仅影响一个代码块，但在框架层层包裹的情况下，这个错误会影响外层的更多功能，比如造成渲染白屏。我认为，对于异常态的处理，JavaScript 和多数编程语言一样，更适合捕获后接住错误并收集，或者在生产环境客户端尽量达到要求。能把运行时可能出现的错误全部提前识别并分类处理，是高阶语言处理异常问题的理想方式。

除了使用装饰器代理等方法加入"try/catch"模块外，我们也可以使用类似 Maybe、Promise 的 Reject 方式，如图 3-8 所示。这些处理方式是把代码可能的运行状态都进行封装，用事件流的分支状态来控制事件流中成功、错误、迭代等状态。

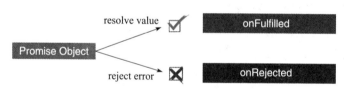

图 3-8　Promise-error/reject 方式示意图

3.7　前端的其他特征

本节我们讨论前端的一些特征。这些特征不一定包含在函数式的概念中，但在设计工具和编码时常常和函数式一起考虑，也常被混淆。

事件驱动、手动处理并行操作、浏览器 JavaScript 环境的线程特性、优秀的 DSL（如 CSS、JSON），这些都使得前端在函数式上可以衍生出特有的工具和语法特征，本节我们会从实用的角度进行分析。

有时我们会把前端的特征当作函数式的特征与面向对象进行对比，可能正是因为这些特征和函数式的一些思想比较契合，而和函数式思想契合的特征，并不一定和面向对象思想冲突。

3.7.1　弱类型和动态类型

如果在语言设计之初有机会细致地设计类型处理方式，设计者们一般都会对类型要求得更加严格，不管语言本身是偏函数式还是多范式，JavaScript 的弱类型和动态类型的出发点都是提高脚本语言的开发和学习速度。在前端复杂度还不够高的时候，原生编码盛行，交互数据层常常处理不当，此时 JavaScript 的类型时常会带来一些隐患。

虽然我们讨论类型和数据结构时，提到了一些设计上的思维变更和类型可能带来的便利，但实际上不管是什么语言，当涉及跨层数据交互导致较多参数类型要被处理时，都希望有更多明确的约束条件。

在使用 JavaScript 编码时，我们首先要明确不应该支持不显著的隐式转换（使用变量加空字符串等形式预处理类型）和跨类型的值比较。其次，我们也不要排斥通过手动类型转换和动态类型来执行一些操作，比如假值判断（"!(a); a || b"）。

在开发工具时，我们使用" ==="进行带类型判等。在需要断言类型的时候，我们进行手动检验。而回到业务上，我们用对象表述复杂的数据类型，其对应的基本类型都是 Object 这个笼统的代名词，我们对类型的要求完全可以做到按需操作。

类型对编码的影响还体现在编码效率和系统健壮性的取舍上。在高度抽象过程的函数式场景下，我们更看重编码效率。同时，我们应该在编码设计中通过更好的设计、更多的手动介入和运行时限制来弥补系统健壮性的缺失。

3.7.2　Array 的组合运算

在 Array 的原生运算方法中，有一些具备显著的函数式风格，比如 map、filter、reduce，可以将其理解为函数式的典型用法。数组支持操作后返回新的数组，支持链式操作，甚至还支持在数组中添加额外的字段（比如 Vue 添加观察属性）以加强结构稳定，或保存值以外的信息（比如错误值或者 Map 结构的 Key）。方法被链式调用时，this 默认指向点操作符最左侧的主体，也使得传入的方法更便于支持箭头函数。

但是和函数式特征相违背的是，Array 中还有部分运算是对传入值做处理，并不支持同级的链式操作，比如常用的 push、reverse 等方法（可以使用 concat 等代替）。另外，Array 作为 JavaScript 的常用类型，使用时可能会受到便捷覆写原型方法的影响，这需要开发者通过 Lint 等工具进行约束。

Array 可以模拟很多常用的基础数据结构，比如 map、LinkedList、多维数组 / 矩阵、简便的树结构等，如图 3-9 所示，这些结构常被用在基础开发中。Array 有比较好的扩展能力，这来自 JavaScript 设计时对集合结构的简单抽象。

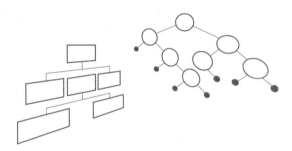

图 3-9　JavaScript 中 Array 承担了集合的概念

3.8　案例和代码

编程思维并不空洞，它在很多方面影响着业务开发的取舍，本节我们结合示例进行理解。

3.8.1　状态和副作用示例

我们尝试在 React 中引入 Redux 进行一些逻辑开发。

Redux 主要使用外部状态，即改变 props 来重新驱动组件的核心方法 render。同时，我们在组件的代码中也会经常性地触发 action，进而使用 reducer 让本组件或其他组件 props 再次产生变化。

　　Redux 通过副作用（props 数据的变化而不是 render 的返回值）帮助开发者免于频繁手动调用高阶函数，是函数式编码的一个高效妥协方案，但也会带来一些认知上的复杂度——当我们整理接口逻辑时会变得很麻烦。

　　Redux 的示例如代码清单 3-3 所示。

代码清单 3-3　Redux 使用示例

```
// Redux 使用示例
// 1 引入 Redux (包括 2.4.3 中的 redux-thunk)
// pages/index.js
import { Provider } from 'react-redux'
import { createStore, applyMiddleware } from 'redux'
import reducer from '../redux/reducer'
import thunk from 'redux-thunk'

const newStore = createStore(
  reducer,
  applyMiddleware(thunk)
);
// 省略部分数据
class BreakThrough extends React.Component {
  render() {
    return (
      <Provider store={newStore}>
        <PageController {...$$userDatas} />
      </Provider>
    )
  }
}

// 2 action 文件中 3 个 action 方法
// redux/action.js
const changePageScene = (pageScene) => dispatch => {
  const dispatchObj = {
    type: 'PAGESCENCE',
    json: { pageScene },
    receivedAt: Date.now(),
  }
  return dispatch(dispatchObj);
};
```

```
const changePuzzlePage = (puzzlePage) => dispatch => {
  const dispatchObj = {
    type: 'PUZZLEPAGE',
    json: { puzzlePage },
    receivedAt: Date.now(),
  }
  return dispatch(dispatchObj);
};

const changePuzzleSid = (puzzleSid) => dispatch => {
  const dispatchObj = {
    type: 'PUZZLESID',
    json: { puzzleSid },
    receivedAt: Date.now(),
  }
  return dispatch(dispatchObj);
};

export {
  changePageScene,
  changePuzzlePage,
  changePuzzleSid,
};

// 3 reducer 文件中对状态的更改和维护
// redux/reducer.js
const initialState = {
  pageScene: '',
  puzzlePage: '',
  puzzleSid: ''
};

export default function update(state = initialState, action) {
  switch (action.type) {
    case 'PAGESCENCE':
    case 'PUZZLEPAGE':
    case 'PUZZLESID':
      return Object.assign({}, state, action.json || {});
    default:
      return state;
  }
}

// 4 业务中使用示例
// pages/PuzzlePageController.js
import { connect } from 'react-redux'
```

```
import { changePuzzlePage, changePuzzleSid } from '../redux/action';
// 省略部分业务代码
slideUp() {
    console.log('slideUp')
    if (this.state.prev.sid !== 0) {
      this.props.changePuzzleSid(this.state.prev.sid)
    }
  }
// 省略部分业务代码
export default connect((state) => ({
  puzzlePage: state.puzzlePage,
  puzzleSid: state.puzzleSid
}), {
  changePuzzlePage, changePuzzleSid
})(PuzzlePageController)
```

3.8.2 过程和高阶抽象示例

在代码清单 3-1 中，我们使用高阶抽象包装的 _map 过程，编写了简洁的 JSX 代码。我们还可以使用更多类似的方法生成常用的 Utils 工具库，资深前端开发者都有一套自己熟悉的工具，如代码清单 3-4 所示。

代码清单 3-4　Utils 工具库

```
// 常见代码工具库
// tools/untils.js
// 常用工具一　深克隆等 JavaScript 缺少的基础方法
export const deepClone = (initObj) => {
  // 内容可参考代码清单 3-3

}

// 常用工具二　JavaScript 基础方法缺少的类型判断和约束
export const isFunction = val => val && typeof val === 'function'

// 常用工具三　常用业务方法：展示页面时约束数字的精度
export const setPrice = (x, b) => {
  let _times = 10
  let r = 0
  try {
    if (b !== undefined) {
      _times = Math.pow(10, b)
    }
```

```
        r = Math.round(x * _times) / _times
    } catch (e) {
        console.error('pow error:', e)
    }
    return r
}

// 常用工具四 框架扩展等基建工具，以下展示装饰器添加日志方法
function hlog(showLog) {
    const consoleEnd = function (res, name) {
        console.log('Hook -----' + name + ' finish at'
            + formatShortDate(Date.now()));
        return res;
    };
    return function (target, name, _descriptor) {
        const _dt = _descriptor;
        const raw = _dt.value;
        _dt.value = function (...args) {
            if (showLog !== false) {
                try {
                    console.log ('Hook -----' + name + ' at '
                        + formatShortDate(Date.now()));
                } catch (e) { consoleLog('elog error:', e); }
            }
            return consoleEnd(raw.apply(this, args), name);
        };
        return _dt;
    };
}
```

3.8.3 循环和递归示例

我们可以使用循环和递归方法实现轮询，轮询很好地体现了运行时对过程中止的管控。

当然，我们可以通过建立通道实现更先进的轮询，这个轮询方案能在一定程度上体现映射的思想，如代码清单 3-5 所示。

代码清单 3-5　轮询示例

```
// 轮询示例，"剩余体力"数据的读取
// 1 循环实现
// 每个页面发起 n 次 setTimeout 请求，n 在此例中定为 100
```

```javascript
// 轮询方案的缺点是边界 n 不方便事先确定，优点是可以通过 n 的取值限定最大循环次数
// pages/RestStar.js
componentDidMount() {
    this.getLatestPp()
  }

getLatestPp() {
  const n = 100;
  for(var i = 0; i < n; i += 1) {
    const _setNewPp = () => this.setNewPp(data.getLatestPp())
    const _st = setTimeout(_setNewPp, 5 * (i + 1) * 1000)
    this.cirSetPp.push(_st)
  }
}

componentWillUnmount() {
    this.cirSetPp.forEach(clearTimeout)
}

// 2 递归实现
// producer/data2model.js
const getLatestPp = () => {
  return sessionStorage.getItem('pp')   // 实际应用时可移植到服务端
}

const getLatestPpAndCb = (cb) => {
  cb(getLatestPp())
}

const pollLatestPp = (gapSec, cb, pollTag) => {
  const _getLatestPpOnce = (gapSec, cb) => {
    pollTask[pollTag] = setTimeout(() => {
      console.log('polling pp, latest is ' + getLatestPp() + ', task is ' + pollTag)
      cb(getLatestPp())
      _getLatestPpOnce(gapSec, cb)
    }, gapSec * 1000)
  }
  _getLatestPpOnce(gapSec, cb)
}

const cancelPollTask = (pollTag) => {
  console.log('cancelPollTask ' + pollTag)
  clearTimeout(pollTask[pollTag])
}

const cancelAllPpPolling = () => {
```

```
    console.log('cancelAllPpPolling')
    Object.values(pollTask).forEach(x => {
      clearTimeout(x)
    })
  }

// pages/RestStar.js
class RestStar extends React.Component {
  constructor(props) {
    super(props)
    this.state = {
      pp: '-'
    }
    this.setNewPp = this.setNewPp.bind(this)
    this.pollTag = Date.now() + ''
  }

  componentDidMount() {
    data.cancelAllPpPolling()
    data.getLatestPpAndCb(this.setNewPp)
    data.pollLatestPp(5, this.setNewPp, this.pollTag)
  }

  setNewPp(pp) {
    console.log('setNewPp', pp)
    this.setState({ pp })
  }

  render() {
    return (
      <div className="rest-star">
        <span> 剩余的体力是 </span>
        <span>{ this.state.pp }</span>
      </div>
    )
  }

  componentWillUnmount() {
    const clearFunc = () => {
      console.log('clearFunc')
      // data.cancelPollTask(this.pollTag)
      data.cancelAllPpPolling()
    }
    clearFunc()
  }
}
```

```
export default RestStar

// 3 建立数据推送通道
// 可使用 WebScoket 建立连接服务端的数据推送通道，示例中的本地环境我们使用 Mobx 技术实现
// producer/data2model.js
import { observable, action } from 'mobx';
const setSessionStoragePp = (value) => {
  sessionStorage.setItem('pp', value)
}
class PpStore {
  @observable _pp = {};

  @action cloneLatestPp = () => {
    const _clonePp = getLatestPp()
    this._pp = _clonePp || -1
  }

  @action onChange = (newPp) => {
    this._pp = newPp + '';
    this.setPp(newPp);
  }

  @action setPp = (newPp) => {
    setSessionStoragePp(newPp);
  }
}
export const creatPpStore = () => new PpStore()

// pages/RestStar.js
import { observer } from 'mobx-react';
const ppStore = data.creatPpStore()

@observer
class RestStar extends React.Component {
// 省略部分业务逻辑
render() {
  const { _pp } = ppStore
  return (
    <div className="rest-star">
      <span>剩余的体力是</span>
      <span>{ JSON.stringify(_pp) }</span>
    </div>
  )
}
```

3.8.4 类型检测和动态类型

在接口或其他与数据交互的位置，我们要着重注意类型的约束。

在本例中，前端项目和其他层面的数据交互比较少，所以我们可以只关注对用户传入的数据做必要的分层防御，以及对接口处获取（或 demo 中传入）的数据做控制处理。按照惯例，我们还可以在可控范围内做一些动态类型转换，详细内容见代码清单 3-6。

代码清单 3-6 动态类型约束和转换

```
// 1 关卡数据格式约束和防御
// 处理关卡数据时，如果不满足数据格式，则返回空数组
// producer/data2model.js
const getPuzzlesWithIndex = (_baseDatas, _configDatas) => {
  if (!baseDatas || !baseDatas.puzzles
                 || _baseDatas.puzzles.find(x => x.id === undefined)
                 || !_configDatas) {
    return []
  }
  const puzzleDatas = _baseDatas.puzzles
  let puzzleDatasSorted = puzzleDatas.sort((x, y) => x.id - y.id)
  const adIds = _configDatas.puzzleAdPageIds
  if (adIds && adIds.length) {
    const adDataBase = {
      adPage: true,
      adContent: _configDatas.adPageContent || ''
    }
    const adData = deepClone(adDataBase)
    puzzleDatasSorted = puzzleDatasSorted
                       .map(x => adIds.indexOf(x.id) >= 0
                         ? [Object.assign({}, adData, { id: x.id }), x]
                         : x)
                       .flat()
  }
  puzzleDatasSorted.forEach((x, idx) => {
    x.sid = idx + 1
  })
  return puzzleDatasSorted
}

// 2 动态类型转换
// 对数据传入类型进行简单的转换，只在数据无法进行 parseFloat 操作时报错
```

```
// tools/untils.js
const addThousandSeparator = strOrNum => {
  return (parseFloat(strOrNum) + '').split('.')
              // 省略后续代码
}


// 3 允许容纳隐藏的类型
// 广告内容既支持字符串，又支持组件
// pages/AdPage.js
class AdPage extends React.Component {
  constructor(props) {
    super(props)
    this.state = {}
    this.state.adContent = data.getAdContent()
  }

  render() {
    // 省略部分内容
      <div className='ad-content'>
        { this.state.adContent }
      </div>
    </div>
    )
  }
```

3.8.5 异常态和容错处理

异常态和容错处理是开发者在业务编码中经常遇到的问题，特别是用户交互和接口请求较多的时候。

我们应在数据不可控的地方尽量添加容错，确保在前端层面用户能接收到我们预设的错误信息，而不是一些不可控的行为（比如展示上次的查询结果）。代码清单 3-7 是项目中常见的容错处理示例。

代码清单 3-7 容错处理示例

```
// 1 对 JSX 列表数据的容错处理
// tools/untils.js
const mapIfFilled = (x, func) => {
  let r = false
  if (x && x.length) {
    try {
```

```
      r = x.map(func)
    } catch(e) {
      console.error('mapIfFilled called error:', e)
    }
  }
  return r
}

// pages/overview/OverviewMatrix.js
render() {
  return (
    <div className="overview-m-page">
      {
        mapIfFilled(this.state.unitAndScores, x => (
          <PuzzleScoreUnit {...x} key={x.id}/>
        )
      )
      }
    </div>
  )
}

// 2 在业务中使用默认值，确保没有得到数据时的展示效果
// demo/projectA/puzzles.js
const commonIntro = '使用特定的两位数乘法速算技巧'

puzzles.forEach(x => {
  if(!x.intro) {
    x.intro = commonIntro
  }
})

// pages/RestStar.js
this.state = {
    pp: '-'
}
render() {
  return (
    <div className="rest-star">
      <span>剩余的体力是</span>
      <span>{ this.state.pp }</span>
    </div>
  )
}
```

除了以上示例，函数式思维还能带给我们更多整体设计上的启迪。我们可以将常用的多页面事件抽象成业务模型，比如审批流模型、导入 / 导出模型等。本章示例中的游戏引擎不同于可以定义游戏实体和开发场景的模型，而是一个用户响应形式下，可以用函数快速部署配置项的过程。

3.9　本章小结

本章我们从系统中的状态和过程，到运行时承担的更多内容，如类型和数据结构；再到具体的编码设计、异常态的改变和前端的其他特征，对前端和函数式思维进行了简单的介绍。有时与其说函数式思维是设计思维，不如说它是从语言设计层面给开发者在设计取舍上提供了便利。

语言范式经历了从理论完善到相关语言的诞生，再到持续满足具体领域的工程化需求，已经融合了很多内容，这些内容没有很彻底地实现语言范式背后的理论，但是结果却很实用。本章只是从前端的视角片面地做了一些论述，读者可以就自己感兴趣的内容展开学习和思考。

我们常说"talk is cheap"，从第 4 章开始我们一起学习一种函数式的编码模型：Monadic，并讨论函数式演进的前端工具，以此揭开函数式思想在前端的具体影响，并在实践中逐一印证。

Monadic 编程和它的范畴理论

通过前 3 章的理论学习，我们已经对函数式的概念和思维有了基本的了解，并接触了少量的前端场景和代码。从本章开始，我们将进入实践环节，一起学习在某些函数式语言（如 Haskell）中常见的工程开发模型：Monadic，并论述这一模型在前端的应用。我们将从原理开始，逐步探讨前端的链式编程工具，如 jQuery、RxJS。

通过 Monadic 编程模型可以了解函数式编码的贯通性、对数据元信息及错误态的处理方式，同时还可以了解"自函子范畴上的幺半群"这一函数式常用概念。

4.1 Monadic 编程简介

Monadic 是一种以组合模型和流式模型为主的编程模型，与其他编程模型的构建方法类似，Monadic 是先构建一个简单的结构体，再围绕这个结构体把要考虑的复杂因素逐渐添加进去，最终根据 Monadic 适用的场景归纳出特定的编码工具和编码方式。

我们使用的简单结构体是函子（Functor）容器，根据需求扩展函子的概念（直到单子），再引出容器的类型和容器间的关系（前端 Monadic 概念图谱如图 4-1 所示），本章最后我们会使用复杂的容器实现一个案例，并查看类似形式的编码工具，如 RxJS。阅读过程中请大家思考一下我们为什么选用这样的容器。

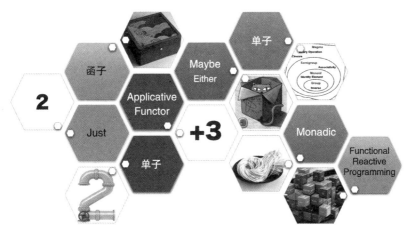

图 4-1　前端 Monadic 概念图谱

4.2　函子和它的基础实例

我们定义的函子是一个支持数据映射的容器类型，它在代码中以一种类型类的形式出现，在 JavaScript 中可以被当作一类对象。

Functor 类型类支持两个关键属性：value 属性保存这个结构的值；map 属性是一个方法，这个方法接受函数 func() 作为入参。调用 map 方法时，Functor 会直接用 func() 函数处理 value 的映射。Functor 类型的原型最好有一个构建方法，这个构建方法能接收一个入参并快速生成实例对象。我们定义的这个构建方法是一个 of 方法，用来替代 new 操作。

这样我们得到了函子的一个基础实例：Just 类型，如代码清单 4-1 所示。

代码清单 4-1　Just 类型的实现和应用

```
// Just 的实现
function Just(value) {
```

```
  this.value = value
}

Just.of = function(value) {
  return new Just(value)
}

Just.prototype.map = function(func) {
  return Just.of(func(this.value))
}

// Just 的应用
const numA = 21
const addThree = x => x + 3
addThree(numA)              // 24

const nJustA = Just.of(num1)
const nJustB = nJustA.map(addThree)
nJustB.value                // 24
```

这样定义的意义在于使用容器将 value 进行包装，且我们通过一个方法（map）能方便地对容器值进行函数操作。这样就可以像戴着特定手套操作触屏手机一样，带着容器操作 value 值。

容器支持添加更多处理这类事物的方法，使得我们有了一个可以封装元信息和切面操作的环境。容器包装广泛使用在组件对象（如 Input），以及 Array 等数据结构上，它们都是 value 和其他属性组成的对象。

本章我们会看到更多基于 Just 的扩展类型，它们都是函子的实例，在代码层面默认使用 Just 对基础实例进行操作。包裹（lift）值到 Just 和求值去包裹（unlift）的操作，是两种数据形态的切换，我们现阶段使用 of 和 ".value" 进行这两种操作，后续还会引入 flatMap 等操作。

4.3　应用函子

我们使用 Just 实现了一个包裹了 value 并可以对值进行映射（map）操作的容器。

在前端场景中，接口返回或者用户的表单输入都可能触发执行事件代码，所以后续事件的初始值就是一个数据，比如 XHR/Fetch 访问后端接口，返回了一个响应数据（response.data）。遇到这类情况，如果我们使用容器包装代码事件的传入值，那么容器的 value 往往也是一个数据：Number、String 或 Object。

回到前端函数式，我们在第 2 章提到，函数是一等公民。我们可以把可执行函数也包裹进函子中，进而执行一些内部操作。包裹函数作为 value 的函子，我们将其称作应用函子（Applicative Functor）。

这里我们需要在 Just 的原型上添加一个方法，这个方法至少接受一个 Just 对象作为应用函子的参数，来实现函子这个领域的调用和被调用操作。我们定义这个方法为 Just.prototype.ap()，如代码清单 4-2 所示。

代码清单 4-2　Just.prototype.ap() 的实现

```
// Just 实例的 map 处理
const addThree = a => a + 3;
const nJustA = Just.of(21);
nJustA.map(addThree);        // * 示例 1 Just.of(21).map(addThree)
Just.of(addThree(21));       // * 示例 2

// Just 上添加 Applicative Functor 调用方法
Just.prototype.ap = function(cjust) {
  return cjust.map(this.value);
};

// 关于 ap 的使用，示例 1 2 3 的结果相同
const justAddThree = Just.of(addThree);
justAddThree.ap(nJustA);  // * 示例 3 Just.of(addThree).ap(Just.of(21))

// 对比 JavaScript 中函数的 apply 调用
Array.apply(null, { length: 10 })
```

以上内容很像 JavaScript 中对函数的 apply/call 的实现，我们可以以参数为主体去调用方法，也可以以方法为主体调用参数，区别在于当前更着重对哪部分内容进行预处理和管控。

大家可以看到代码清单 4-2 中 3 种示例代码的执行结果是相同的。此外，应用函

子中函数的执行和 Just 的数据结果都是在同一维度下的，也就是说对于容器内的数据和方法，使用我们定义的 map 和 ap 方法进行相互调用，得到的依然是容器内的结果（Just 对象）。

我们回忆一下 jQuery 的实现（本书默认大家对 jQuery 有一定理解）。因为 jQuery 的属性方法大多会继续返回一个 jQuery 对象（DOM 的容器），使得它可以进行链式调用："$("input").has(".email").addClass("email_icon")"。

结合第 3 章提到的函数式思维和本章介绍 Monadic 时提到的流式编程和管道的概念，函子的实例类在容器维度可以实现流式操作。

类似"_a.of(x).ap(y).map(z)"这样的操作可以进行链式执行，于是我们就实现了一个简单的流式操作。

4.4　Maybe 实现类

在实现基本的流式操作后，我们希望实现更彻底的黑盒流转：把过程内容收口，把输入置于一端，结果和影响置于另一端。在编码场景下，我们可以通过下面两种操作实现这一想法。

1. 明确 of 或 ap 是流程的生成部分

of 和 ap 这两个方法支持在调用时直接传入数据或构造类函数，以生成 Functor 容器。

在很多编程模型中，生成类的方法和操作类的方法是不同的。Functor 方法的理想使用方式是，先使用 of 等生成类方法在流程开始时生成 Functor 容器数据，之后以 map 等操作方法引入操作函数完成编码并等待执行。

2. 影响置于另一端

把流程数据包装成容器的目的之一，就是在容器层封装一些元编程和切面的操作。

我们现在具备了使用容器处理所有环节产生结果的能力，比如在容器对象加入 log 属性、time 属性和调试信息，可以承接代码运行对应的工程需求了。

因为涉及代码的运行时状态，所以用同样的方法对异常态进行处理会遇到一些问题。如果只是在容器上增加 error 处理，在代码崩溃时就无法调用 error 方法，在链式操作中也会产生错误传递的问题。我们还是希望能在流程结束时集中输出正常和异常结果。

为解决这一问题，我们可以实验性地引入 Maybe——一个新的 Functor 实现类。Maybe 可以实现 Just 流式操作的裂变。

我们设定一个典型的容错场景：Just 数据流操作可能输入空值（接口返回 null），而空值一旦进入后续操作，可能会做隐式转换，最终得出不合理的结果。

此时我们的解决方法是在第一步操作时引入一个 Nothing 对象进行容错。Nothing 是一种特殊类型的函子，它的实现如代码清单 4-3 所示。

代码清单 4-3　Nothing 的实现

```
// 此处省略 Functor 类型类构建方法，读者可参考 Just 的实现自己动手尝试
const Nothing = new Functor()

// 覆写 Nothing 的 map 方法
Nothing.prototype.map = function() {
  return this;
};

const nothing = new Nothing();

// 此处对真正要传入的值再包裹一层容器，避免值本身为假值 (value 为 0) 和空值混淆
const inputVal = Math.random < 0.5 ? Just.of(0) : undefined;
Just.of(inputVal)
    .map(x => x ? Just.of(x) : nothing)
    .map(x => x.map(add2))
    .map(x => x.map(y => y * 2));  // Just.of(Just.of(4)) / nothing
```

经过上述操作，流程中的容错基本得到了解决，但为了避免异常态空值和正常值出现同为假值的冲突，我们构建了一层内容上的抽象，对数据进行了必要的额外

包裹。这种做法带来的负担是每次进行过程处理（map 操作）时需要进行一次额外的
map 或求值（.value）操作。

为解决这一负担，我们可以在处理假值时引入 flat 和 flatMap 方法，解除内容抽
象，并允许 Nothing 这种特殊状态的函子覆写 flat/flatMap 方法。

flat 操作就是求值（.value）去包裹，在 Lodash 中 flatten 操作用来去除 Array 的
包裹。

flatMap 方法先包裹了 map 方法，再进行 flat 操作，等价于 " .map(f).flat()"。建
立这样一个组合的方法，是为了对 flatMap 做特殊处理，如代码清单 4-4 所示。为
了方便我们对 Array 做类似的去包裹处理，ECMAScript 新标准引入了 Array 版本的
flatMap 方法。

代码清单 4-4　flatMap 和 Maybe 的实现

```
Just.prototype.flat = function() {
  return this.value;
};

Just.prototype.flatMap = function(f) {
  return this.map(f).flat();
};

Nothing.prototype.flatMap = Nothing.prototype.map;

Just.of(inputVal)
    .flatMap(x => x ? Just.of(x) : nothing)
                            //此步返回一个中间态 Functor，Just 或 Nothing
    .map(add2)
    .map(x => x * 2);       //Just.of(4) / nothing

//Maybe 在 Elm 中的类型描述
type Maybe a
  = Just a
  | Nothing
```

现在我们已经可以通过对初始值进行 lift 操作，以及通过 flatMap 方法实现不同
类型的 Functor，在 Just 流式编程中引入多种状态，以容纳多种结果。

有一个特定容错分支 Nothing 的 Functor 实例我们称之为 Maybe，即按照表达式 "Just.of(inputVal).flatMap(x => x ? Just.of(x) : nothing)" 的实现，引入 flatMap 和 Nothing 的中间态函子实例。

4.5　Either 函子

在 4.4 节我们学习了流程的裂变方式，即在流程的第一步返回一个包含多种形态的函子。实际应用时，可能需要在中间某个步骤返回其他形态的函子，以此来处理过程中的错误或其他状态。

Maybe 的问题在于只能保存一个正常态的结果 Just a 和一个异常态 Nothing，不能承载异常态的数据。此时需要一个含有两个可能值的函子，即 Either。Either 可以设定为 "type Either a b = Left a | Right b"。

下面我们用 Functor 结构实现一个简单的 21 点卡牌游戏。21 点的基本规则：玩家可以持续要牌，牌的点数之和最大且不大于 21 点者获胜。我们除了要记录获胜时的点数外，还需要统计玩家失败时的点数，以反映玩家的冒险心理。

本例引入的 Either 函子可以保存两种状态（Left/Right 状态），下面通过代码清单 4-5 了解其在 21 点游戏里的实现。

代码清单 4-5　Either 在 21 点游戏中的实现

```
// Left\Right\Either
const Left = new Functor;
const Right = new Functor;
Left.prototype.flatMap = function(func) { return this; };
Right.prototype.flatMap = function(func) { return func(this.value); };

const eitherAction = function(leftFn, rightFn, Either) {
  return Either.constructor.name === 'Right' ? Either.map(rightFn) : Either.
    map(leftFn)
};

// 21 点游戏规则
```

```
const countCards = function(newCardNum, cards) {
  cards.points += newCardNum
  return cards.points > 21 ? new Left('boomed at' + cards.points)
                           : new Right(cards);
};
// _.partial lodash 部分施用函数；gotCard(n) 会返回一个函数
const gotCard = function(newCardNum) { return _.partial(countCards,
  newCardNum) };

// 21 点游戏示例
const eitherBoomOrSafe = new Right({ points: 0 })
                              .flatMap((gotCard(2)))
                              .flatMap((gotCard(12)))
                              .flatMap((gotCard(8)))
eitherAction(x => console.log('lose and ' + x),
             x => console.log('safe and points is ' + x.points),
             eitherBoomOrSafe)
```

下面我们把 Either 和 Maybe 的实现进行比较。Left 和 Nothing 一样，经过 flatMap 操作后返回自身（this）。Right 和 Just 的标准处理也一样，返回函数作用过的 value（map 加求值）。不同的是，在 map 中传递 gotCard(n) 这个动作，返回的结果依然是包裹后的容器对象（countCards 方法的返回值，仍然是 Left 或 Right 的实例对象）。这样我们从 Maybe 的第一步做容错操作，变成每一步都可以返回容错操作，过程中的错误都得到了有效传递。

这种处理方式有些像飞机上的垃圾处理。在飞机飞行过程中产生的垃圾会被一直携带，直到抵达目的地再被处理。从外部黑盒的角度来说，我们得到了一个薛定谔的猫：eitherAction 执行之前，我们不知道最终结果是异常的还是正常的，但不管有无异常，整个流程都会完成。

最后一步实际上是在 eitherAction 方法中完成的。eitherAction 方法给出 3 个参数，如果之前的结果是 Right，则进入 rightFn 方法，否则进入非常态事件 leftFn 中。

熟悉前端工具的读者此时可能已经发现，在代码清单 4-5 中，eitherBoomOrSafe、eitherAction 这两个方法的结构已经很接近 Promise 和 RxJS 了。我们先来看 Promise 函数的实现，如代码清单 4-6 所示。

代码清单 4-6　Promise 在 21 点游戏中的实现

```
// 21 点游戏规则
const countCards = function(newCardNum, cards) {
  cards.points += newCardNum
  return cards.points > 21
    ? new Promise((resolve, reject) => reject('boom at' + cards.points))
    : new Promise((resolve, reject) => resolve(cards))
};
const gotCard = function(newCardNum) {
  return _.partial(countCards, newCardNum)
};

// 21 点游戏示例
Promise.all([{ points: 0 }])
      .then((gotCard(2)))
      .then((gotCard(12)))
      .then((gotCard(8)))
      .then(
        x => console.log('safe and points is ' + x.points),
        x => console.log('lose and ' + x)
      )
```

　　Promise 函数的每一个 then 函数都支持两个主要参数，一个是 resolve 回调方法，另一个是 reject 回调方法（reject 方法常常单独写在 catch 方法中）。

　　我们可以从 Either 的结构中自然演化出 Promise 函数的基本语法。当然，标准的 Promise 函数还包括 ".all/.race" 等构建方法、传入异步事件的等待功能等，还会涉及生成器的知识，感兴趣的读者可以自行拓展学习。

　　至此，我们已经完成了囊括异常态、空值处理的学习，且可以在容器中加入切面方法和其他元属性的 Monadic 流式编程模型。下面我们补充一些理论知识并探索新场景。

4.6　幺半群

　　本节我们会接触一些范畴论的内容，我们不需要深入研究范畴论，只须简单了解其中一些对前端编程有用的概念。

我们先来认识一下群（group）。群是集合的一种，在群这个集合中需要有满足一定条件的二元运算。群中的二元运算要满足 4 条公理，即具备封闭性（close）、结合律（associative）、单位元 / 幺元（neutral/identity）和逆元 / 反元素（inverse）。

满足部分公理的对象，可以成为原群（magma）、半群（semigroup）和幺半群（monoid）。它们和群是逐级包含的关系，如图 4-2 所示。

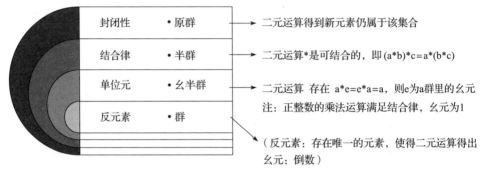

图 4-2　幺半群和群的包含关系

1. 封闭性——原群
要求集合的二元运算得到的新元素仍属于该集合。

这条要求明确了集合需要有一种二元运算，并满足集合领域封闭，比如自然数乘以自然数得到自然数即满足原群的要求。

2. 在封闭性的基础上满足结合律——半群
二元运算是可结合的，比如自然数乘法运算 (ab)c === a(bc)。

3. 在以上基础上存在单位元——幺半群
存在二元运算的单位元和集合领域内元素 A 做二元运算仍会得到 A。

回到乘法运算，存在自然数 1，满足 "a · 1 === 1 · a === a"，类似还有加法运算中的 0，1 和 0 在此处称为单位元或幺元。4.7 节将介绍函子模型中的单子（Monad），它已经满足了以上 3 点要求。

4. 在以上基础上存在逆元——群

存在唯一的元素，使得二元运算可以得出单位元。

我们继续看乘法运算，自然数集合下的乘法已经达不到这个要求，大于 1 的自然数找不到另一个自然数相乘得 1。但是正有理数层面的乘法可以，例如 2 和它的唯一倒数 1/2 相乘可以得到单位元 1。

4.7　单子：自函子范畴上的幺半群

我们从群的理论回到函子和 Monadic 编程，可以在前几节的示例中引入 flatMap 的函子，比如将 Maybe 定义为单子。关于单子，我们最常听到的一种解释是自函子范畴上的幺半群。

我们拆解这段解释来看，自函子即 map 映射到自身范畴的函子。在 4.2 节我们就介绍过，Just 实例是一直在函子容器层面操作的支持 map 映射的函子。幺半群我们前面介绍过了，它满足封闭性，支持结合律，并且存在单位元。我们接触的特定函子为什么属于幺半群呢？首先要定义一个二元运算，在之前的示例中，运算都是一元的，我们根据 4.5 节幺半群的示例定义一个整型数字上的乘法（见代码清单 4-7，暂时不考虑越界问题）。

代码清单 4-7　整数二元运算和支持二元运算、结合律、单位元的 Maybe 示例

```
// Integer 二元运算：multiply 方法支持再传入一个整数函子作为参数
intFunctor.prototype.multiply = function(anotherIntFunctor: intFunctor) {
  return intFunctor.of(anotherIntFunctor.value * intFunctor.value);
};
intFunctor.multiplyIdentity = intFunctor.of(1)        // 单位元

// 二元运算的另一种形式
const _multiply = (intFunctorA, intFunctorB) => intFunctorA.multiply(intFunctorB)
_multiply(intFunctorA.of(1), intFunctorA.of(2))
intFunctorA.of(1).multiply(intFunctorA.of(2)))        // 二元运算的两种形式

// Maybe 的二元运算
const _flatBy = (maybeA, maybeB) => maybeA.of(maybeB).flat()
```

```
// 结合律要求存在特定运算 ~ 使得 (maybeA ~ maybeB) ~ maybeC = maybeA ~ (maybeB ~
   maybeC)
_flatBy(_flat(maybeA, maybeB), maybeC) ===> _flatBy(maybeB, maybeC) ===>
   maybeC
_flatBy(maybeA, _flat(maybeB, maybeC)) ===> _flatBy(maybeA, maybeC) ===>
   maybeC
_flatBy(_flat(maybeA, maybeB), maybeC) === _flatBy(maybeA, _flat(maybeB,
   maybeC))

// 单位元要求存在特定运算 ~ 和单位元 Id，使得 Id ~ maybe = maybe = maybe ~ Id
const maybeIdentity = maybeA  // 此处要假设 Maybe 实例的实现都一样
_flatBy(maybeIdentity, maybeA) ===> maybeA
_flatBy(maybeA, maybeIdentity) ===> maybeA
```

通过代码清单 4-7 我们可以看到，Maybe 满足结合律和单位元的要求，作为其扩展的 Either 同理可证。

那么为什么要使用单子这一自函子范畴上幺半群的概念呢？我们通过这一概念的特性来分析。

1. 自函子

前面说过，函子支持 map 和 value，自函子（EndoFunctor）经过 map 操作后仍属于函子范畴。

2. 封闭性

首先，我们的编程场景需要流式操作，进而持续进行相似的命令反馈机制。这些机制包括之前提及的切面编程，如 log/time 调试操作，也包括每一步同样的求值 / 订阅 / 错误处理姿势。

其次，我们需要和同类元素发生关系，方便对多个流程进行化约 / 拆分等操作。自函子的封闭性赋予了系统除高级查询以外的代码结合能力。

3. 结合律

结合律使过程函数的组合成为可能，可实现智能调整代码的运算顺序（MapReduce 场景下调整集合的 filter/map 顺序），还方便我们按抽象需求结合代码命令，使编码形式不局限于链式操作。

4. 单位元

单位元可以保证流式编程在状态机描述中前进到原处，做必要的副作用并等待操作（RxJS 中的 do/tap 操作）。单位元在一些函数式编程中的作用就是当需要使用函子返回自身值时进行占位处理。

同时，将单位元与结合律结合，开发者可以在某一具体步骤，切换数据操作 / 被操作的角色，用以做流程的折断和输出。而逆元在有内存存储状态和方法的情况下不是必须的。

至此，我们了解了有条件的函子，即单子的理论依据。接下来第 5 章、第 6 章会通过 RxJS 和其他工具展示这些理论规范的界限和作用。

4.8　函数响应式编程

RxJS 是函数响应式编程工具中的佼佼者，开发者使用 RxJS 的函数式编码模式和响应式程序响应模式，可以快速编写响应用户需求的代码。我们可以参考代码清单 4-8，简单了解一下 RxJS 的编码样式。

代码清单 4-8　RxJS 示例

```
// 数组的求和结果
[1, 2, 3, 4].reduce((acc, x) => acc + x)
            .forEach(x => console.log(x))

// most 示例
Rx.Observable
  .from([1, 2, 3, 4])
  .delay(1000)
  .reduce((result, y) => result + y, 0)
  .subscribe(x => console.log(x))   // 10, in 1s

// 每隔一段时间根据接口返回输出一段内容；* 示例 4
Rx.Observable
  .timer(0, 1000)
```

```
.take(5)
.map(x => Math.floor(Math.random() * 2) + 1)
.flatMap(x => Rx.Observable.ajax(getUrlObjByRandomNum(x)))
.subscribe(x => { doucument.getElementById('stage').innerHTML = x.response;})
```

RxJS 使用流（stream）的形式实现了包含时间间隔、后端调用次序，以及时序信息的队列展示。我们在代码中可以看到数据集合在时间维度上的扩展，也能看到 from 这类构建方法（对应函子的 of/ap 等方法），以及 delay、reduce、flatMap 这类过程动作操作符，还有 subscribe、observe 这些执行结果的操作符。在代码清单 4-8 的示例 4 中，我们还看到了挂在主流程上的子流程。

RxJS 的应用场景还有很多，它可以出色地处理各种流程的发起，拆分、合并各种流程和调用控制，我们会在第 6 章对它进行详细介绍。

4.9　案例和代码

本章主要介绍了 Monadic 编程模型，这一模型看似并不方便用在我们的项目中，实际上我们仍然可以借鉴一二。

4.9.1　函子示例

我们已经知道了，被包装后可以做 map 运行的模型就是函子。考虑到应用于运算型的游戏或答题场景，我们对本章示例的计算加以包装，以实现更高精度的数值计算。这里我们引入某个包做这类数值计算，并把策略包装在函子的属性上，如代码清单 4-9 所示。

代码清单 4-9　包裹运算示例

```
// 数据中关卡的答案使用包裹的运算直接计算
// 读者可以尝试把 Just 升级为 Maybe，添加除法等运算的容错处理
// demo/projectA/puzzles.js
import NP from 'number-precision'

function Just(value) {
```

```
    this.value = value
}

Just.of = function(value) {
  return new Just(value)
}

Just.prototype.map = function(func) {
  return Just.of(func(this.value))
}

['plus', 'minus', 'times', 'divide'].forEach(operator => {
  Just.prototype[operator] = function(anotherJust) {
    return Just.of(NP[operator](this.value, anotherJust.value))
  }
})

const puzzlesBase = [
  {
    values: [17, 17],
    operator: 'plus'
    count: 5
  },
  {
    values: [22, 22],
    operator: 'plus'
    count: 3
  }
]

const puzzles = puzzlesBase
                .forEach(x => {x.numbers = x.values.map(Just.of)})
                .forEach(x => {
                  const _optor = x.operator
                  x.qs = [x.values.join(' ' + x.operator + ' ')];
                  x.a = x.numbers[0][_optor](x.numbers[1]).value
                })

// 得到目标元素
// {
//   qs: ['17 plus 17'],
//   count: 3,
//   a: '289',
// }
```

4.9.2 响应式编程的简单示例

我们可以使用 RxJS 对用户的操作做一些简单的响应，如代码清单 4-10 所示。

代码清单 4-10   RxJS 响应用户操作

```
// RxJS 改造关卡页按钮和输入框
// 1 不使用 RxJS 时
// pages/puzzle/PuzzlePage.js
<Button
  onClick={() => this.start(this.state.count)}
  disabled={!this.state.usable.start || this.showOnly}>
  开始答题
</Button>
<div className="gap" />
<Button
  onClick={this.tryAgain}
  disabled={!this.state.usable.retry || this.showOnly}>
  重试
</Button>
<div className="gap" />
<Button
  onClick={this.submitAnswer}
  disabled={!this.state.usable.submit || this.showOnly}>
  提交
</Button>
<Input
  value={ this.state.inputValue }
  disabled={ !this.state.usable.input }
  onChange={this.inputOnChange} />

// 2 使用 Rxjs 进行简单的改造，在上述元素中移除点击和变化事件
import { fromEvent } from 'rxjs';
import { tap, throttleTime } from 'rxjs/operators';
// 省略部分代码
// buttonStart、buttonRetry、inputAnswer 分别对应相应的按钮和输入框
componentDidMount() {
    fromEvent(this.refs.buttonStart, 'click')
        .pipe( tap(x => this.start(this.state.count)))
        .subscribe(x => console.log(x))
    fromEvent(this.refs.buttonRetry, 'click')
        .pipe(tap(this.tryAgain))
        .subscribe(x => console.log(x))
    fromEvent(this.refs.buttonSubmit, 'click')
        .pipe(tap(this.submitAnswer))
        .subscribe(x => console.log(x))
```

```
try {
  fromEvent(this.refs.inputAnswer, 'change')
       .pipe(
         throttleTime(1000),
         tap(this.inputOnChange)
       )
       .subscribe(x => console.log(x))
} catch (e) { console.error(e) }
}
```

我们对模块进行包裹大多是为了区分有主链路意义的成员数据、需要和其他模块交互的数据，以及一些通用的切面或元数据。函数式思维可以淡化中间需要和其他模块交互的数据，这样有助于我们写出更连贯的响应式代码。

4.10 本章小结

本章我们充分探讨了 Monadic 编程模型的实现和它涉及的理论，最后通过示例（21 点游戏）引出了前端类似形式的工具，如 Promise、RxJS。

本章我们从"术"的角度学习了一个较为合理的函数式编程模型及其在前端的实现，这一模型其实也在 Elm 这类前端框架中得以应用，我们也会在 jQuery 等经典库中看到它的身影。大家可以借鉴这类模型的思考方式，分析更合理的应用形式和扩展，比如流式编程的其他形式或链式写法的最佳实践，带着问题进入后面章节的学习。

Monadic 编程模型被称为容器界的管道（pipeline），下一章我们会从"形"的角度出发，看一下包括管道在内的前端函数式的表现形式和经典工具的变化过程。

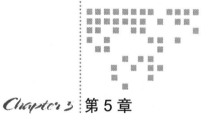

函数式工具形态演进

在之前的章节中，我们介绍了函数式的概念和思考模式，还学习了一种函数式的编程模型。本章我们将从工具链的角度了解这些函数式内容对前端的影响。

从早期影响力最大的库 jQuery 和同期的 YUI 等工具开始，开发者们系统地对前端繁杂业务进行抽象，产生了基础库、函数库、前端框架、构建工具等工具链，它们各有优势，可以解决各种场景面临的问题。

除函数式和其他设计思想的影响之外，编码方式的改变也直接影响了开发者的编码思路和场景选取。本章会从工具的编码形态切入，从链式调用开始，介绍函数式影响下的前端编码，并与传统命令式代码进行对比。

5.1 jQuery 和链式调用

在手动操作事件响应和 DOM 变更时期，jQuery 是开发者必须掌握的前端工具。它以一个基础库包的形式，帮助开发者处理了大量的工作，如：DOM 选择器与 DOM 操作、Ajax 包装、UI 动效和数组方法，早期的 Promise 异步操作甚至还有一些兼容性操作。

　　jQuery 在编码的表达上也有不少亮点，比如使用 $ 符号将 DOM 元素提升到 jQuery 元素、在 $ 参数中实现选择器表达式的解析、使用链式操作进行 DOM 上的一系列手动操作等。

　　在 jQuery 前端域的方法里，常用的有基础方法、选择器方法、属性方法、筛选方法、文档处理方法、样式方法、事件方法等，这些方法的返回值大多会被处理成 jQuery 对象或它的集合，使得链式操作更加可行。

　　jQuery 还有一些求值操作、流程异步控制、Ajax 包装等方法。事实上，jQuery 中前端复杂度分布一直延续了下来。在 jQuery 的写法中，能被 jQuery 方法包裹的 Node 节点，后来演化成了组件；其他一些常用的方法，如异步请求、事件处理和一些元数据状态，都演化成了服务的概念。组件和服务在最新的前端框架中，都有了新的实现。

　　上面提到的 jQuery 便捷支持的链式操作可以结合代码清单 5-1 进行理解，这种操作形式也是 jQuery 的典型特征。

代码清单 5-1　jQuery 链式操作（使用 jQuery1.x 版本）

```
const _count = 0
jQuery("div.demo-li")
  .find("ul[class^='shop-card']")          //此处返回类型 Array<Element(S)>
  .removeAttr("disabled")
  .one("click", { count: _count }, function(event){
    $("#count-container").show().html(even.data.count);
  })
  .fadeIn(1000);
```

　　链式操作的另一个天然的宿主对象是数组，在第 4 章我们了解到，数组是一个原生容器，只不过它的 value 是一个集合。加入时序的数组 RxJS 也在某一时期延续了链式操作。数组和 RxJS 的链式表达如代码清单 5-2 所示。

代码清单 5-2　数组和 RxJS 的链式操作

```
// Array 去除 Betty 以外的团队成员随机排序
const teamNames = ['Devin', 'Betty', 'Jack', 'Dolly', 'Shirley', 'Vivian'];
teamNames.map(x => [x, Math.random()])
                 .filter(x => x !== 'Betty')
         .sort((x, y) => x[1] - y[1])

// RxJS5 每等待一定时间后，生成一些雨滴
const gapSec = 500
const generateDropTimes = 10
const rainMakingFunc = () => { console.log('generate some raindrops') }
_.Observable.timer(0, gapSec)
            .take(generateDropTimes)
            .map(x => 1 + Math.round(Math.random()))
            .subscribe(rainMakingFunc)
```

链式操作实际上是将一系列二元操作写入对象的成员方法中，以转变成可以连续表达的形式，它专注于对一个领域的对象进行操作。DOM 元素和它的集合、页面钩子、异步回调函数，甚至扩展的插件，都是 jQuery 包裹的内容，这些内容在 jQuery 对象这一范畴下形成了一个高于库的前端工具集。

现实中的业务操作并不能形成完整的单一领域范畴。前端开发还会涉及端之间的通信、BOM 操作、容器 jsBridge 等。操作的主体如果仅限于一类内容就有局限性，所以有时我们需要编码的操作过程支持传入两个或多个参数。

5.2　管道和组合

对于二元或多元操作的组合，我们可以使用函数组合来实现。如果函数支持高阶调用，并在某些情况下满足结合律，我们可以按需组合（Combine）过程中的各个函数。

组合函数的方法有两种，一种是按照函数的包裹次序进行组合（Combination）；另一种是按照执行的顺序，即 2.2.2 节运算符重载部分提到的类似管道（Pipeline）运算符"|>"的次序进行。

下面我们以一个示例展示函数组合的演化。

假设团队共有 13 个人，按照 0 ～ 12 的次序进行编号。将编号在" [2, 4, 5, 8, 9]"
这个集合内的人员选出，并转换为一个包含 org、orgNum 属性的对象。编码过程如
代码清单 5-3 所示。

代码清单 5-3　Pipeline/Combination 示例

```
// 入参　使用标注
const teamCount = 13
const newTeamNumbers = [2, 4, 5, 8, 9]
const C = teamCount
const N = newTeamNumbers

// 函数 1 常规循环做法
function pickMember(C, N) {
  const members = []
  for (i = 0; i < C; i += 1) {
    const _member = {
      org: 'techTeam',
      number: i
    }
    if(N.indexOf(_member.number) >=0) {
      members[i] = _member
    }
  }
  return members
}

// 函数 2 基于过程的简单封装
import _ from 'lodash'
function pickMember(C, N) {
  const setRangeList = count => _.range(count)
  const fillMember = (x, i) => { org: 'techTeam', number: i }
  const ifPick = (_N, number) => _N.indexOf(number) >= 0
  const filterPicked = number => ifPick(N, number)    // 此处依赖 N, 可再拆分
  return _.filter(_.map(setRangeList(C),fillMember),filterPicked);
  // 经过基本的封装，入参 C 在最中间的函数处传入
}

// 函数 3 基于过程的 Compose/Pipeline 处理
import _ from 'lodash'
function pickMember(C, N) {
  // 改造方法，将 N 也作为入参传入
```

```
const setRangeList = [count, _N]  => [_.range(count), _N]        // 第一个函数
const fillMember = (x, i) => { org: 'techTeam', number: i }
const mapAndFill = _.curry(_.map)(_, fillMember)
const mapFillWithTail = [range, _N] => [mapAndFill(range), _N]   // 第二个函数
const ifPick = [number, _N] => _N.indexOf(number) >= 0
const filterByPicker = _.curry(_.filter)(_, ifPick)             // 第三个函数

if (Math.random() > 0.5) {
  // 3.1 compose  _.flowRight 在 lodash4 之前为 _.compose
  // 从右到左依次调用函数
  return _.flowRight([filterByPicker, mapFillWithTail, setRangeList])([C, N])
} else {
  // 3.2 pipeline  _.flow 在 lodash4 之前为 _.pipeline
  // 从左到右依次调用函数
  return _.flow([setRangeList, mapFillWithTail, filterByPicker])([C, N])
}

}

// 函数 4 适度转换后的链式操作
function pickMember(C, N) {
    return _.range(C).map(x => ({ org: 'techTeam', number: x }))
                     .filter(x => N.indexOf(x.number) >= 0)
}
```

通过示例我们可以看到 Compose、Pipeline 两种次序的函数组合。为了保证入参与出参的连续性和细粒度，我们借助了柯里化（Curry），同时进行了一些改造，让参数 N 和 C 一样，在初始调用时传入。

Pipeline 的调用顺序和自然顺序一致，我们只需重点关注 "_.flow" 里面的参数内容，即流程的 3 个步骤。如果使用其他语言进行管道操作，可以把此处内容写成代码清单 5-4 所示的形式。

代码清单 5-4　管道式函数组合

```
[C, N] |> setRangeList |> mapFillWithTail |> filterWithTail
```

对于 5.1 节链式操作示例 RxJS 雨滴生成方法，可更换成 Pipeline 的写法，如代码清单 5-5 所示。

代码清单 5-5　RxJS 雨滴生成的 Pipeline 写法

```
// RxJS6 Pipeline 方法
import * as __ from 'rxjs/operators'
import { timer, range, interval } from 'rxjs/index'
// 中间省略
timer(0, _gdSec)
  .pipe(
    __.take(_generateDropTimes),
    __.map(x => 1 + Math.round(Math.random()))
  )
  .subscribe(this.rainMaking)

// 对比 RxJS5 链式操作
_.Observable
  .timer(0, gapSec)
  .take(generateDropTimes)
  .map(x => 1 + Math.round(Math.random()))
  .subscribe(rainMakingFunc)
```

代码的变化在于 take 等方法此时是一个个独立的 operators 方法，而不是绑定在 Observable 对象上的成员方法。

回到代码清单 5-3，我们看到最后有一个适当调整实现的链式操作——函数 4，它只用两行代码就完成了示例的操作。无论是 Pipeline 操作，还是链式操作，我们都需要根据实现过程是否需要拆分、入参是否需要控制、方法是否需要调试等细节进行选择。

如果过程方法是一类需要包装控制的函数，若 Pipeline 的一个数组即可包含所有过程实现的入参形式，就更方便我们写入控制内容了。

5.3　Promise 编码

标准的 Promise 编码形式是链式操作的升级版本，它的链式操作包含了对分支（异常态）的处理。从本节开始，除了基础的链式操作外，我们还需要关注用 Promise 解决更重要的问题：异步操作。

前端编码从 jQuery 和同期其他库引入链式操作后，在 Lodash/Underscore 这些库中又引入了组合和管道的概念。链式操作和组合管道使开发者在实现编码"按步骤操作"时有了不错的选择。jQuery 除了进行了链式操作和核心的 DOM 操作 / 事件绑定外，还进行了 Ajax 封装。这一封装中除 XHR 的属性设定外，最常用的两个方法是 success 和 error。

接口返回后会进行一些回调操作，这些操作支持异步调用（早期很多开发者使用同步 Ajax 操作以避免时序问题），是开启 JavaScript 时序问题重要的一步，也是代码从函数式向函数响应式变化的起点。

为了保证异步代码的可读性，以前开发者会写一些典型的回调地狱型代码，如图 5-1 所示。为了解决回调地狱这一问题，在前端顺势诞生出了各种异步编码方案，这些促成前端标准产生了生成器方法和后续的 Promise 对象。开发者可以使用新方法将事件响应的代码封装到一个单独的内容中，方便进行调试和扩展。

```javascript
$.ajax({
    url: 'http://xxx.xxxAPI/v1',
    data: {},
    type: 'post',
    dataType: JSON,
    success: function (res) {
        $.ajax({
            url: 'http://xxx.xxxAPI/v2',
            data: res.data,
            type: 'post',
            dataType: JSON,
            success: function (res1) {
                $.ajax({
                    url: 'http://xxx.xxxAPI/v3',
                    data: res1.data,
                    type: 'post',
                    dataType: JSON,
                    success: function (res2) {
                        $.ajax({
                            url: 'http://xxx.xxxAPI/v4',
                            data: res2.data,
                            type: 'post',
                            dataType: JSON,
                            success: function (res3) {
                                console.log(res3)
                            }
                        })
                    }
                })
            }
        })
    }
})
```

图 5-1 如同俄罗斯套娃般的回调地狱型代码

封装过程可参考 5.4 节介绍的容器处理。Promise 的使用可以参考 5.7.1 节代码清单 5-8。

使用 Promise 后，仍然会有一些困扰开发者的问题。在 then 中写入的回调事件不能保证编码的连贯性，有时事件是同步调用的，有时是异步调用的，这两种事件响应的编码方式不同，但我们希望代码能兼容这两种形式。更普遍的问题是，Promise 和异步回调涉及在 ESL016 时期，事件响应编程中一个没有太多控制能力的领域：时序调度。

Promise 本身提供了一些方法来处理多个事件并行的后续选择，比如 race、all 等，这解决了少数同级别事件的协调问题。我们希望编码时可以有更多的时序控制能力，如任务优先级、手动触发、精确时间间隔控制、合并分割流程、控制执行内容的界限等，以解决任务调度和时序管理的问题。

5.4　Async/Await 函数

ECMAScript 标准中的 Async/Await 函数是生成器的另一种实现，它在 Promise 之后出现，可以解决用同步编码书写回调事件的问题以及 Promise 没有实现的回调方法兼容同步和异步调用。

Async/Await 可以很方便地与 Promise 互相转换和调用。关于两者的比较，可以参看代码清单 5-6 进行了解。

代码清单 5-6　Async/Await 和 Promise 的对比

```
// Promise 表示条件语句
const makeRequest = () => {
  return getJSON()
    .then(data => {
      if (data.needsAnotherRequest) {
        return makeAnotherRequest(data)
          .then(moreData => {
            console.log(moreData)
            return moreData
```

```
          })
      } else {
        console.log(data)
        return data
      }
    })
}

// Async 表示条件语句
const makeRequest = async () => {
  const data = await getJSON()
  if (data.needsAnotherRequest) {
    const moreData = await makeAnotherRequest(data);
    console.log(moreData)
    return moreData
  } else {
    console.log(data)
    return data
  }
}
```

Async/Await 函数使得函数式的调用过程得以简化。编码时我们使用看似同步的接口调用形式，实际上调用次序可能仍然是异步的。Async/Await 契合函数式思想，非常适合时序不受外部影响，且对外部没有显著副作用的过程。不过，若 Async 方法的过程内有和其他过程共用的变量，仍然会造成"线程"不安全的问题，这是开发者写异步代码时要小心的地方。

鉴于 Async 默认根据任务的 resolve 状态执行代码，开发者做异常态兜底时需要手动包裹 catch 异常。

5.5 MobX、RxJS 和响应式编程

本节把 MobX 和 RxJS 放在一起进行介绍，这是因为它们都引入了 Observable 的概念，进而又引出了响应式编程的概念。下面引用一段 MobX 官方介绍。

"MobX 是一个经过战火洗礼的库，它通过透明的函数响应式编程（Transparently Applying Functional Reactive Programming，TFRP），使得状态管理变得简单和可扩展。

MobX 背后的设计理念很简单：任何源自应用状态的东西都应该可以自动获得，包括 UI、数据序列化、服务器通信等。"

前端开发在使用命令式编程完成大量探索后，仍存在一些待解决的核心编码问题，比如事件推动。

较大规模的前端 App 会有多个触发条件，最初，一个表单页面只有一个获取初始化资源的事件，外加一个 submit 提交事件，这时我们的提交行为甚至不需要使用 Ajax。前端页面发展到现在，已经成为可以包含联动选择框、表单验证、事件轮询，以及用户行为缓存的复杂场景。

前端开发从 Angular 诞生开始，逐步进入框架时代。框架中的业务编码和框架内部逻辑一部分服务于声明响应事件，另一部分服务于页面的自动操作。在引入 Observable 之前，随着业务越来越复杂，当业务中出现多个响应事件时，这些事件的串联关系以及数据到页面展示（VM 层）的映射，已经越来越难以控制了，这降低了开发者直观跟踪流程的能力，是使用自动化数据响应方案（Redux、MobX）的代价之一。

与自动化的数据响应方案类似，在 Vue 和 React 这类常用框架中，我们也会使用一些自动检测的方法，如 Computed、Watch、useState 来串联响应事件，必要时再使用 nextTick 和 setState 手动介入页面迭代。合理使用这些方法能使程序忽略时序上的不确定问题，但开发者很难观测到框架方法内部封装的部分（比如页面渲染完成的时机），更无法直观串联起一个点击事件后续的流程。所以当我们选择这些工具时，要更多考虑代码的可读性和维护性的补偿措施。

MobX 和 Redux 最大的区别在于它提供了非 React 钩子带来的自动化响应，而通常使用手动 autorun 观测状态的变化，进而触发后续的业务事件。此外，两者在数据的推拉关系上有本质区别，所以在选择时，可以根据程序是更关注变化的结果，还是更关注变化的发起进行判断。代码清单 5-7 是 MobX 示例。MobX 主要应用在数据流的管理上，而涵盖内容更多的 RxJS 则为响应式事件的后续操作提供了更有力的 API 支持。

代码清单 5-7　MobX 示例

```
import React, { useMemo } from "react";
import { observable } from "mobx";
import { observer, useLocalStore } from "mobx-react";

const Counter = () => {
  const store = useLocalStore(() => ({
    count: 0
  }));
    // const store = useMemo(() => observable({ count: 0 }), []);

  return (
    <button onClick={() => store.count++}>
      {store.count}
    </button>
  )
};

export default observer(Counter);
```

从函数式的形态结构上看，RxJS 的表现更有借鉴意义。在 5.2 节我们看到，RxJS 的形式经历了链式调用到 Pipeline 结合的转变。此外，RxJS 在语法层面还包含了时序和异步的一些操作（例如与 Promise 的转换）。

RxJS 提供了时序上的同步写法，它使用与 Array 中 map 等方法类似的形式，同样处理了带时间维度的队列、无限增长队列和响应式的事件队列（一个按钮的多次点击事件）。RxJS 支持对响应式事件进行拆分、组合，还支持控制事件响应节奏，如防抖节流。此外，RxJS 还引入了调度表 Schedule。

5.6　函数式的并发保障

虽然在浏览器引擎中 JavaScript 大多为单线程处理，但我们仍然要关注前端在并发场景中可能遇到的问题。当流程的时序不确定时，资源的使用次序可能影响运行结果，这就导致了前端场景下线程不安全的情况。

我们可以使用数据集合的映射操作代替循环的编码形式，或是使用 RxJS 和

Await 这些具备同步代码兼容异步代码能力的工具让代码运行时具有良好的并行效果，且语法上也比较简洁。但代价是，这样操作可能造成代码运行时冗余，造成性能上的缺失。

虽然 ECMAScript 标准对这类实现没有具体的要求，但我们作为业务层的编码者，在实现这些方法时应在性能层面做出考量，比如对数据集合的一些方法（filter 和 reduce 方法）进行优化。

第 2 章我们介绍函数式基础概念时了解到，保证数据的不可变性可以确保线程（时序）安全。在 React 应用中有一个不可变数据的示例，在执行 setState 操作时，我们可以理解为语法上使用了 Object.assign 把参数的状态经过 mixin 操作到原 state 中。而实际上，React 创建了一个新的对象，执行了一次新的 render 操作。这样能确保上一个 state 状态下的异步事件不会受到 state 改变带来的影响，如代码清单 5-8 所示。

代码清单 5-8　React setState 示例

```
class Example extends React.Component {
  constructor() {
    super();
    this.state = {
      val: 0
    };
  }

  componentDidMount() {
    this.setState({val: this.state.val + 1});
    console.log(this.state.val);     //第 1 次 log

    this.setState({val: this.state.val + 1});
    console.log(this.state.val);     //第 2 次 log

    setTimeout(() => {
      this.setState({val: this.state.val + 1});
      console.log(this.state.val);   //第 3 次 log

      this.setState({val: this.state.val + 1});
      console.log(this.state.val);   //第 4 次 log
    }, 0);
  }
```

```
  render() {
    return null;
  }
};
// 0 0 2 3
```

通过示例我们可以看出，函数式处理并发/并行的方式充分体现了函数式思维。从浏览器中 JavaScript 的单个主线程和函数式的纯函数特性，我们已经能得到前端并发/并行的一些特定实践。因为和服务端并发的控制点不同，在前端我们不一定要使用锁等方法，也不用过多考虑原子性等概念。

前端在组件通信、Node 节点并发时还会涉及其他一些并发模型，这里就不展开介绍了。

5.7 案例和代码

本章提到的工具已经涉及开发的各种场景，相应的开发示例比较常见，这里就不一一举例了，下面通过案例了解一些使用工具开发时会遇到的问题。

5.7.1 链式调用和开发中调试

因为简略了变量申明，在使用链式调用实现功能的同时，开发者抽象和查看过程量就不那么方便了。所以若想在链式调用过程中定点查看过程量，需要稍微做一些设计，如代码清单 5-9 所示。

代码清单 5-9 链式调用和调试

```
// 1 在链式调用过程中增加 Log，代替常用的 Debugger
// tools/untils.js
const addThousandSeparator = strOrNum => {
  return (parseFloat(strOrNum) + '')
         .split('.')
         .map((x, idx) => {
           if (!idx) {
             // Log 代替 Debugger
             console.log('before reverse got:')
```

```
              console.log(x.split('')
                         .reverse()
                         .map((xx,idxx) => (idxx && !(idxx % 3)) ? (xx + ',') : xx))
          return x.split('')
                  .reverse()
                  .map((xx,idxx) => (idxx && !(idxx % 3)) ? (xx + ',') : xx)
                  .reverse()
                  .join('')
        } else {
          return x
        }
      })
      .join('.')
}

// 2 针对包装内容的链式调用可以直接在过程中输出
// pages/puzzle/PuzzlePage.js
// 代码清单 4-10 使用的实例
fromEvent(this.refs.inputAnswer, 'change')
    .pipe(
        // 此处增加中间量显示功能
        tap(e => { console.log(e.target.value) }),
        throttleTime(1000),
        tap(this.inputOnChange)
    )
    .subscribe(x => console.log(x))
```

5.7.2　Pipeline 和切面编程

在 5.2 节介绍函数组合时，我们提到开发者可以使用 Pipeline 代替链式调用和高阶函数嵌套调用，好处之一是方便编写切面操作代码。我们可以对函数式实现的代码嵌套做一些切面改进，比如加入函数调用日志，形式如代码清单 5-10 所示。

代码清单 5-10　Pipeline 和切面操作

```
// 1 RxJS 的 Pipeline 操作过程添加日志
// pages/PuzzlePageController.js
// 需要查看过程中的变量，改造前：
subscribeScrollOb(newSid) {
    this.scrollOb.pipe(
        debounceTime(1000),
        tap(x => console.log(x)),
        filter(x => x.sid === this.state.nextPageProps.sid),
```

```
        tap(x => console.log(x)),
        map(x => data.getSidsBySid(x.sid)),
        tap(x => console.log(x)),
        map(x => x.map(data.getPuzzleDataBySid)),
        tap(x => console.log(x)),
      ).subscribe(x => {
        this.setNewData(x)
      })
    }

// 抽离 Pipeline 的方法，改造后：
subscribeScrollOb(newSid) {
  const pipeMethods = [
    debounceTime(1000),
    filter(x => x.sid === this.state.nextPageProps.sid),
    map(x => data.getSidsBySid(x.sid)),
    map(x => x.map(data.getPuzzleDataBySid)),
  ]
  const wrapMethod = func => [
    tap(x => console.log(x)),
    func
  ]
  const pipeMethodsWithLog = pipeMethods.map(x => wrapMethod(x))
  this.scrollOb.pipe(
    ...(pipeMethodsWithLog.flat())
  ).subscribe(x => {
    this.setNewData(x)
  })
}
```

5.7.3 Async/Await 异步和异常

使用 Async/Await 可以简便地编写异步场景，但也会使代码缺失一些信息。我们需要考虑异常态的处理，并且区分代码模块异常和异步状态异常，如代码清单 5-11 所示。

代码清单 5-11　Async/Await 异常处理

```
// Async 异常处理
// 异步获取数据后，如果数据的格式有问题，可能导致未知错误
// 1 同步方法下的业务逻辑
const getDatasByCurrentId = (currentId) => {
  const sids = data.getSidsByPuzzleId(currentId)
```

```
    return getDatasBySidList(sids)
}

// 2 向后端异步请求时不考虑异常处理
const getDatasByCurrentId = async (currentId) => {
  const sids = await getSidsByPuzzleId(currentId)
  const _data = await getDatasBySidList(sids)
  return _data
}

// 3 向后端异步请求后的异常处理
// 虽然 Async 提高了代码的连贯性，但如果需要做完整的异常处理，仍需要较多代码
const getDatasByCurrentId = async (currentId) => {
  let sids = -1
  try {
    sids = await getSidsByPuzzleId(currentId)
  } catch(e) {
    console.error('getSidsByPuzzleId error', e)
  }
  let _data = []
  if ( sids >= 0) {
    try {
      _data = await getDatasBySidList(sids)
    } catch(e) {
      console.error('getDatasBySidList error', e)
    }
  }
  return _data
}
```

可以看出，不同的工具会带来不同的高级能力，往往也会缺失一些信息的表达。工具的形态和表达是息息相关的，在恰当的时候使用恰当的表达，对于开发者来说是一项重要的编程能力。

5.8　本章小结

其实还有很多常见的前端函数式形式我们没有讨论，比如 Lodash 的 fp 函数式库、Redux 在多文件中的表达、React 的高阶组件等。函数式在前端的语法形式有时会带来超越编码形式的设计思考，比如使用 Async 和 RxJS 这类同步姿势编写包含异

步控制的代码时，我们会偏向于将后续代码放在异步事件完成后再进行处理。

在第 6 章和第 7 章，我们将结合示例介绍函数式在前端不同阶段、不同场景的框架工具，包括 RxJS 和 React Hooks 等内容。前端一直是编码学习的理想场景，它跨越多个层级和场景，涉及的数据演算、通信、渲染、图文处理等都有可深入钻研的场景，使得经典的编程理论在前端的实践层出不穷，落地成诸多工程实践果实。建议大家在学习这些工具的时候，多从工程的角度，结合这些工具的设计初衷和工程特性进行理解并实践。

第 6 章 *Chapter 6*

从 RxJS 看事件流和函数响应式编程

在第 4 章和第 5 章，我们列举了 RxJS 的两个例子，并对 RxJS 的编写形式进行了解读。与常规基于对象的前端工具框架不同，RxJS 的关注点在于描述用户事件等交互行为的响应事件流，以及对事件流的各种处理。

RxJS 出现即伴随着函数响应式编程这一概念。函数响应式编程的字面意思就是使用函数式流式编程响应事件。RxJS 针对这一场景设计了一系列面向流程的操作符和调用角色，用以专门处理一段事件流。它从简处理，贯彻了一部分函数式思想，比如忽略过程中的并行细节和类型细节，对异常态进行透传处理，还加入了时间和调度的概念。

因为设计思路和常见工具库不同，RxJS 的指令用法也略复杂一些，很多前端开发者在学习时会遇到一些困难，希望通过本章的剖析和示例，能让大家更好地理解 RxJS。

6.1 RxJS 的产生和事件流编程演进

RxJS 顺应事件流模型在前端的发展，很好地解决了事件流模型当前遇到的问题。

本节我们会详细介绍事件流在前端的发展，以及 RxJS 与事件流的契合点。

6.1.1 RxJS 的产生

RxJS 是 ReactiveX 在 JavaScript 上的实例，我们先看一下 ReactiveX 的简介。

ReactiveX（Reactive Extensions，Rx）最初是 LINQ 的一个扩展，由微软架构师 Erik Meijer 领导的团队开发，于 2012 年 11 月开源。Rx 是一个编程模型，通过提供一致的编程接口，帮助开发者更方便地处理异步数据流。Rx 库支持 .NET、JavaScript 和 C++。近几年，Rx 越来越流行，现在已经支持全部主流编程语言。Rx 的大部分语言库由 ReactiveX 这个组织负责维护，其中比较流行的是 RxJava/RxJS/Rx.NET。Rx 社区网站是 reactivex.io。

微软对 Rx 的定义是一个函数库，开发者利用可观察序列和 LINQ 风格查询操作符来编写异步和基于事件的程序。开发者可以用 Observables 表示异步数据流、用 LINQ 操作符查询异步数据流、用 Schedulers 参数化异步数据流的并发处理，可以这样定义 Rx：Rx = Observables + LINQ + Schedulers。

ReactiveX.io 认为 Rx 是一个使用可观察数据流进行异步编程的编程接口，Rx 结合了观察者模式、迭代器模式和函数式编程的精华。

我们可以看到，Rx 是在各种主流编程语言和编码领域中都存在的一个事件响应模式，在 API 设计和事件流响应方面是相通的。通过 RxJS 的产生背景，我们可以看到它是观察者模式、迭代器模式和函数式编程的结合，初衷是为了解决异步事件流编程。接下来我们了解一下事件流前端方案的演进。

6.1.2 事件流响应演变

前端对事件流的响应编程也经历了一些变化。在最初的 Web 编程中，我们直接在元素上赋予 onClick 调用的方法。被调用的方法写在 JavaScript 和 HTML 中，在初始化时就确定了代码内容且不再变化。假设编码任务要求在按钮 A 中添加一个点击事件，点击后会在屏幕上打印一条日志，那么我们只需要编写按钮（buttonA）上的

onClick 方法。

在这个阶段，前端开发即为静态页面开发加上一些确定的响应事件，这是前端最基础的页面模型。

随着业务变得复杂，我们在业务迭代中新增如下需求。

需求 1：在 onClick 触发执行的方法中，根据用户的实时行为决定是否加入一条弹窗 Alert。

由于 onClick 调用的方法一开始就被赋在元素属性中，我们无法在原有代码的基础上进行扩展，只能重写页面元素并重新设定点击事件。

为简便解决此类需求，工具 jQuery 包装了 Bind/Unbind 和 On/Once 等方法。此类方法促成了 ECMAScript 标准中原生的 AddEventListener/RemoveEventListener 方法。这些方法可以在代码运行时增删绑定的事件，以满足我们对事件内容的动态要求。

此类方案提升了页面和用户的交互处理能力，伴随 Ajax 的普及，Web 页面极大地提升了用户在交互上的体验。这些便捷促进 Web 开发进入 2.0 时期，前端开发者在用户体验上被寄予了厚望。

之后随着前端业务进一步扩大，需要批量生成页面。在原有需求上，我们新增需求 2，包括以下 3 项变更。

需求 2.1：限制打印日志的频率，1 秒之内最多打印一条日志。

需求 2.2：点击另一个按钮 B 时同样打印这条日志。

需求 2.3：点击按钮后延迟 1 秒再打印日志。

在需求 1 的基础上，我们可以重新解绑响应方法，然后在响应方法里实现节流、复制功能，并在 setTimeout 后再分别绑定事件。这样就可以实现需求 2 的内容，但编码过程比较烦琐。

除需求 2 以外，我们还会有很多关于事件流（EventStream）的需求。这些需求涵盖了窗口限制、fork/join、时间队列等操作，我们可以根据场景自己撰写 JavaScript 方法，也可以通过 ReactiveX 对应的操作符实现需求。

关于需求 1 和需求 2.1 的代码实现，可以参考代码清单 6-1。

代码清单 6-1　响应事件不同版本

```
// 基本按钮
<button onclick="clickEvent()">ButtonA</button>

<script>
function clickEvent() {
  console.log('clicked');
}
</script>

// 新功能 1.0
<button id="buttonA">ButtonA</button>
<button id="buttonB">ButtonB</button>
<script>
const consoleByClick = function() { console.log('clicked buttonA'); }
const alertByClick = function() { alert('clicked buttonB') }

document.getElementById('buttonA')
        .addEventListener('click', consoleByClick),

document
  .getElementById('buttonB')
  .addEventListener('click'), function(e) {
    document
      .getElementById('buttonA')
      .addEventListener('click', alertByClick),
  }
</script>

// 新功能 2.1 限制 log 频率
<button id="buttonA">ButtonA</button>

<script>
const clickEvent = function() { console.log('clicked'); }
```

```
document.getElementById('buttonA')
        .addEventListener('click', _.throttle(clickEvent, 1000))

</script>

// 新功能 2.1 使用 RxJS 实现
<button id="buttonA">ButtonA</button>

<script>
const clickEvent = function() { console.log('clicked'); }
const $throttle = document.getElementById('buttonA')

Rx.Observable
  .fromEvent($throttle, 'click')
  .throttleTime(1000)
  .subscrible(clickEvent)
</script>
```

通过需求我们看到，事件流的演进过程是伴随着前端复杂度的增加（页面数量和交互事件增加）而出现的。开发者在对事件流进行处理时，也会对编码抽象提出更高的期望。

在现实中的业务开发中，跟随用户交互的操作会比以上功能更加复杂，有时会跨越多个页面。如果使用 Rx 这类关注事件流处理的响应式编程工具，就可以将编码时的关注点从对事件的细节操作，转向事件的抽象能力。

使用 Rx 后，编码的过程将会变成一个简便的模型，这个模型包含"生成事件流队列""事件流队列响应的描述"，以及最终"事件流编程的触发和响应"这 3 个过程。

6.2　核心类

RxJS 和其他的 Rx 系列语言一样，都有几个核心的类。它们分别是 Observables 流（简称 Ob 流）、Subscription 订阅内容对象、Subject 多路 Ob 管理者对象和 Scheduler 调度表对象。其中 Ob 流包含了最重要的可被观察对象 Observable 和观察者对象 Observer。

在实践中，我们会使用隶属于生成类的 Ob 操作符，生成可被观察对象 Observable。Observable 的内容一般是以流（Stream）的形式存在，我们可以理解为时间维度上的队列和它的后续动作（也有可能是数据或同步对象）。之后我们使用一个观察者对象 Observer 对可被观察对象 Observable 进行观察和订阅（Subscribe/Unsubscribe）。观察者对象会有 3 个成员方法用以响应事件流，即 onNext、onError、onSuccess，对应流程的继续、错误和成功终结 3 个状态。

响应式编程面向的是一个或多个被触发的事件。我们在编码时要做的是使用一个可被观察队列，告知这个队列当有事件触发（或满足某些条件，或实时触发）时，应该怎样去响应。这里有别于简单的 onClick 事件。因为我们告知和观察的对象还拥有自主承接更多工作的能力，包括把多个事件合并处理、适时等待其他的触发事件等，因此只需要在操作符范围内告诉它应该在什么时候做什么。

除了可响应的 Ob 对象能处理多种事件流情况外，我们需要激活 Ob 对象的职责，这就是上述提及的 Subscribe 订阅。只有在被订阅的情况下，Ob 对象才会响应触发或实时执行。这也是订阅在编码场景中的意义。没有运行时环境的关注，被订阅事件的处理将毫无意义，除非它的作用就是产生副作用。

生成 Observable 对象，对这些对象进行流式运算，再使用 Observer 订阅，这就是一个完整的响应式编程。在保证基础的 Ob 事件流之后，RxJS 提供了更多的概念对象，如 Subject 和 Scheduler。图 6-1 详细介绍了这几个核心模块的关系，主要包括一个从生成队列，到观察运行、释放订阅的过程。

Subject 是一个特殊的中间结构，它继承自 Observable，并且实现了 Observer 的 3 个接口方法：success、next 和 error。Subject 既可以是一个可被观察的 Observable 流，也可以是一个组装好的观察者对象，Subject 本身还是一个有状态的多路 Observable 处理，可以在接受到 Observable 流的消息时，实现多播（组播 /multicast）多个 Observer，帮助开发者处理一些特殊场景。Subject 承载这些能力，是订阅模式中"订阅"行为的体现。

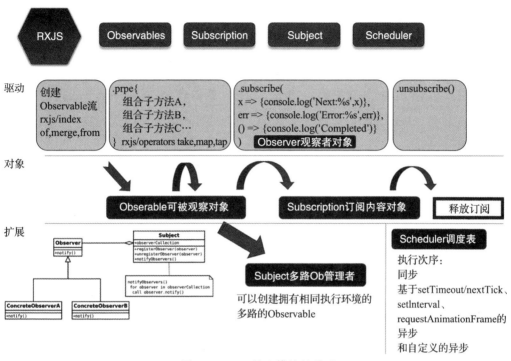

图 6-1　RxJS 核心模块的关系

Subject 的示例如代码清单 6-2 所示。

代码清单 6-2　Subject 简单示例 (来自 RxJS 官方文档)

```
import { from, Subject } from 'rxjs';
import { multicast } from 'rxjs/operators';

const source = from([1, 2, 3]);
const subject = new Subject();
const multicasted = source.pipe(multicast(subject));

// These are, under the hood, 'subject.subscribe({...})':
multicasted.subscribe({
  next: (v) => console.log(`observerA: ${v}`)
});
multicasted.subscribe({
  next: (v) => console.log(`observerB: ${v}`)
});
```

Scheduler 是一个特殊且非常重要的概念。通过 Scheduler 可以控制 Ob 对象响应过程中操作符作用时的任务调度模式。RxJS 中订阅任务调度的形式有 4 种：同步任务、异步宏任务、异步微任务、基于 animationFrame 的任务，这有些类似我们在前端原生场景中常见的 EventLoop 模型。

我们可以使用操作符中涉及 Scheduler 的参数改变对事件流的调度，使用 subscribeOn 和 observeOn 这两个操作符可以方便地控制事件流的优先级。

我们在前两章借助 RxJS 的不同版本，使用 Pipeline 和链式调用这两种形式做了简单的编码示范。下面我们通过一个示例项目进一步对比传统的编码形式，并介绍一些有代表性的事件流操作符。

6.3 "红包雨掉落"代码改造

RxJS 和其他一些前端方案如 WebAssembly，都属于有特别适应场景的方案。RxJS 更适合解决响应流程链路较长、响应流较复杂的需求，比如前端的动效渲染、多用户协同工作流、H5 小游戏和活动页，如坦克射击、红包雨等场景。

如果 H5 小游戏的开发需求十分复杂，那么复杂度通常来自基于时间的页面重复渲染和结算。在每一个时间包（如果渲染目标是 30 帧 / 秒，则 1 个时间包约 33 毫秒）中处理好事物逻辑，再加上一些复杂的物理渲染引擎的调用，就能完成复杂的客户端游戏和动画逻辑编码。

我们以 Web 页面中典型的红包雨掉落为例，进行一些代码改造，借此看一下 RxJS 在适用场景中的处理。

红包雨一般有 3 个同时发生的时间队列事件和 1 个用户点击事件（点击下落红包）。3 个时间队列事件包括显示游戏结束倒计时、每隔一段时间在顶部随机区域生成随机数量的红包以及红包雨随时间下落的事件。

省略一些 View 层框架所做的 Dom 操作（比如 Vue 直接映射数据），我们使用 setTimeout 和递归方法可以直接实现红包雨效果，如代码清单 6-3 所示。

代码清单 6-3　使用迭代递归实现的红包雨事件

```
// 初始参数
const _sumTime = 10;
const _countSec = 1000;    // 倒计时频率
const _gdSec = 500;        // 生成红包频率
const _rfSec = 200;        // 红包下落频率

const _countLength = _sumTime * 1000 / _countSec;
const _generateDropTimes = _sumTime * 1000 / _gdSec;
const _rainFallTimes = _sumTime * 1000 / _rfSec;

// 示例省略了雨滴生成的 DOM 操作 rainMaking 和雨滴下落的 DOM 重绘 rainFall 事件
// 倒计时
const st = (scc, sec) => {
  const nscc = scc;
  setTimeout(() => {
    this.secCount = nscc;
  }, sec);
};

Array
  .apply(null, { length: _countLength })
  .forEach((x, idx) => {
    st(_sumTime - idx, idx * _countSec);
  });

// 生成红包雨滴
const rm = (speed, sec) => {
  setTimeout(() => {
    this.rainMaking(speed);
  }, sec);
};

Array
  .apply(null, { length: _generateDropTimes })
  .forEach((x, idx) => {
    rm(1 + Math.round(Math.random()), idx * _gdSec);
  });


// 雨滴下落
```

```
const rf = sec => {
  setTimeout(() => {
    _rainFallTimes -= 1;
    if (_rainFallTimes > 0) {
      this.rainFall();
      rf(_rfSec);
    }
  }, sec);
};
rf(_rfSec);
```

如代码清单 6-4 所示，我们可以分别使用 RxJS 改造红包雨中 3 个同时发生的过程，业务的直观性（使用操作符表述过程）和代码的可读性都得到了提高。

代码清单 6-4　红包过程 RxJS 初始改造

```
import { take, map } from 'rxjs/operators';
import { timer } from 'rxjs/index';

// 倒计时
const countOb = timer(0, _countSec).pipe(take(_countLength));
countOb.subScribe(x => {
  this.secCount = _countLength - x - 1;
});

// 生成红包雨滴
timer(0, _gdSec).pipe(
  take(_generateDropTimes),
  map(x => 1 + Math.round(Math.random()))
).subscribe(this.rainMaking);

// 雨滴下落
timer(0, _rfSec)
  .pipe(take(_rainFallTimes))
  .subscribe(this.rainFall);
```

考虑到 3 个过程都由同一事件在开始游戏这一时间点触发，我们可以将 3 个过程收拢到 1 个方法中，更新代码如代码清单 6-5 所示。

代码清单 6-5　RxJS 从生成 Ob 方法开始优化

```
import { take, map, tap } from 'rxjs/operators';
import { timer, from } from 'rxjs/index';
```

```
const secCount = x => { this.secCount = _countLength - x - 1; };
const processInfos = [
  { gap: 1000, subFuncs: secCount },
  {
    gap: 500,
    map: x => 1 + Math.round(Math.random()),
    subFuncs: this.rainMaking,
  },
  { gap: 200, subFuncs: this.rainFall },
]

from(processInfos).pipe(
  tap(x => { x.sumTimes = _sumTime * 1000 / x.gap }),
  tap(x => timer(0, x.gap).pipe(
    take(x.sumTimes),
    make(x.map || (xx => xx)),
  )).subscribe(x.subFuncs)
).subscribe(x => console.log(x));
```

至此，我们的红包雨核心逻辑修改完成，运行效果如图 6-2 所示。

通过这个示例可以看出，使用 RxJS 后，代码变得更加精炼。事件流的核心输入信息虽然还是硬编码，但是集中在代码的顶部，可以随时被抽象和配置化。过程方法也比较抽象，集中在中间的事件流方法处理中。

后续我们还可以引入 Subject 多路 Ob 复用，改进时间流式触发 Ob（timer 操作符），并同时调用多个 Ob 方法。还可以使用 animationFrame 这种 Scheduler 形式改进红包雨掉落过程，使动画效果更流畅。这些内容大家可以尝试自己完成。

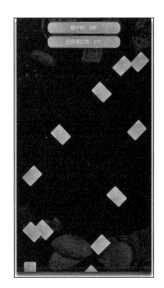

图 6-2　红包雨效果

通过红包雨示例，我们学习了 RxJS 的编码方法，了解了比较理想的过程编码。事实上，RxJS 还有大量重要的操作符可以处理事件流编程的场景，下面我们介绍其中几个典型和重要的方法。

6.4 事件流相关主要方法举例

1. partition 分割

我们可以结合红包雨中两种不同场景（随机和非随机）分割主事件流，进行相关操作。在设计可以使用树结构表述的前端结构，比如无交叉的页面跳转路由规则时，我们可以拆分跳转流程。

partition 是 RxJS 中负责拆分事件流的操作符，它在项目中的应用如代码清单 6-6 所示。

代码清单 6-6　partition 示例

```
// partition 分割
const parts = from(processInfos).pipe(
  tap(x => { x.sumTimes = _sumTime * 1000 / x.gap })
  partition( x => x.map)
)
parts[0].pipe(
  tap(x => timer(0, x.gap)
    .pipe(take(x.sumTimes), make(x.map)))
    .subscribe(x.subFuncs)
).subscribe(x => console.log(x));
parts[1].pipe(
  tap(x => timer(0, x.gap)
    .pipe(take(x.sumTimes))
    .subscribe(x.subFuncs)
).subscribe(x => console.log(x));
```

2. exhaustMap 卸载

在代码清单 6-6 中，分支部分进行了两次 subscribe 操作，结合第 4 章的 Monadic 模型可以看出，这是由于我们进行了多次包裹操作（lift）。

使用 exhaustMap 方法可以解除包裹（unLift）操作（RxJS 的 of、timer 等生成方法即完成了包裹），如代码清单 6-7 所示。

代码清单 6-7　exhaustMap 卸载操作示例

```
// exhaustMap 卸载操作示例
parts[1].pipe(
  exhaustMap(x => timer(0, x.gap)).pipe(take(x.sumTimes))
).subscribe(x.subFuncs)
```

3. zip 数据的转置

结合代码清单 6-5 中红包雨的核心实现，编码时如果从属性类型的角度考虑，将关注点放在间隔时间、处理方法等内容上，可以单独用这些属性创建 Ob 对象，最后使用 zip 进行转置，分拆成我们想要的数据流。

Lodash 在数组层面也支持类似的 zip 转置操作，RxJS 中的 zip 示例可以参考代码清单 6-8。

代码清单 6-8　zip 转置操作示例

```
// zip 转置操作示例
const gaps = [500, 1000, 200]
const sumTimes = gaps.map(x => _sumTime * 1000 / x)
const subFuncs = [secCount, this.rainMaking, this.rainFall]
const maps = [x => 1 + Math.round(Math.random())]
const prarms = [gaps, sumTimes, subFuncs, maps]
const zipParams = prarms.map(from)
zip(...zipParams).pipe(
  map((...prarms) => ({ gaps, sumTimes, subFuncs, maps }))
)
```

4. fromEvent 事件流（RxDOM）

下面我们以一个代表方法 fromEvent 来了解一类操作符：RxJS 对于 DOM 事件的封装。RxJS 通过 RxDOM 模块可以收集和响应页面中的一些用户操作（比如对 DOM 元素的点击、移动、字符输入），并使用它们生成无限队列，再放入 Ob 数据流中进行处置。

fromEvent 应用可以参考代码清单 6-9，我们在代码清单 6-1 事件流部分也有过演示。

RxDOM 的一些能力和框架的 VM 层能力有重叠，我们可以在不同场景适当切换用户操作事件和框架的渲染数据，合理规划工具分工。当然，DOM 的操作在依赖 Rx 的框架比如 Angular 中已经有良好的体现。

代码清单 6-9　fromEvent 示例

```
// fromEvent 示例
const tm = fromEvent(document.body, 'touchmove', { passive: false })
tm.subscribe(
  ev => {
```

```
    ev.preventDefault();
    console.log('preventDefault');
  },
  err => console.error(err)
)
```

5. merge 合并事件流

我们可以分割事件流，也可以合并两个不同的 Ob 流。从语法层面理解，事件流的 merge 操作可以类比为两个被 Rx 提升的对象的 merge 操作；也可以类比为 git 中对多个分支 commit 时序上的 merge 操作，合并后的内容始终保留 Ob 流可被观察和订阅的能力，如代码清单 6-10 所示。

代码清单 6-10   merge 示例

```
// merge 示例
const inputNumberOb = fromEvent(this.$refs.inputA, 'change')
                          .pipe(pluck('target', 'value'));
const databaseNumberOb = from(service.getNumber(_reqObj));
const mergeObA = merge(inputNumberOb, databaseNumberOb);
const mergeObB = inputNumberOb.pipe(merge(databaseNumberOb));
```

6. 两个常见的事件响应控制：debounce / throttle

我们在实现搜索词联想时经常做这两个事件的响应控制，在 RxJS 中也有便捷的实现。因为经常放在一起考虑，这里我们就一并介绍了。

在不太理解 RxJS 的时序控制时，推荐大家使用宝石图（marble）辅助解析 RxJS 的过程和结果，这两个操作符的宝石图如图 6-3 所示。

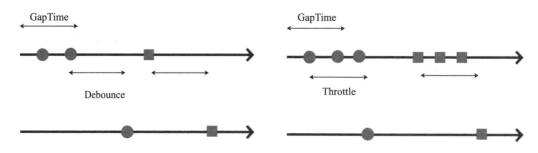

图 6-3   debounce/throttle 的宝石图

debounce/throttle 的实现如代码清单 6-11 所示。

代码清单 6-11 使用 debounce/throttle 控制输入和查询操作

```
fromEvent(searchInput, 'input').pipe(
  debounceTime(300),
  map(e => e.target.value)
).subscribe(sendValue)

fromEvent(queryButton, 'click').pipe(
  throttle(500)
).subscribe(queryData)
```

回到需求变更 2，代码示例 6-1 中使用 RxJS 的 throttle 方法处理了页面事件，通过 debounce、merge 等操作符也可以非常便捷地实现其他需求，且方便再扩展。

7. from 和 toPromise: Promise 对象和 RxJS 的 Ob 对象的转换

为了方便迁移和兼容一些历史的异步代码，我们可以使用 from 和 toPromise 这两个操作符进行 Promise 对象和 Ob 对象的切换，如代码清单 6-12 所示。

代码清单 6-12 Promise 对象和 Ob 对象的切换

```
// promise
service
  .getGiftRainActivity(_reqObj)
  .then(handleResult)
  .catch(handleError)

// rx
from(service.getGiftRainActivity(_reqObj))
  .pipe().subscribe(handleResult, handleError)

// rx to promise——实现接口 mock
const rValues = { result: 8 }
// mock
mockReturn = new Promise(resolve => {
  setTimeout(() => { resolve(rValues) })
}, 2000)

// mock by rx
mockReturn = of(rValues).pipe(delay(2000)).toPromise()

return mockReturn
```

RxJS 的操作符还有很多，我们可以针对不同业务场景找到对应的流程处理方法，这一寻找过程也是对于事件流模型的抽象。

在理解了业务和对应的事件流程模型后，就能便捷地使用 RxJS 从复杂的框架中描绘出一条业务主线。

6.5　案例和代码

本章介绍的 RxJS 是一个关于流程编码表述的工具。

理论上，任何不能预处理的业务内容，以及和用户交互相关的业务功能都可以用 RxJS 实现。而考虑到引入成本，我们可以用 RxJS 实现完整且可容纳较长流程的业务。

本章我们使用 RxJS 实现了一个活动奖励页面——红包雨，红包雨的实现代码可以直接用在游戏引擎里。我们还可以使用 RxJS 实现案例的核心交互：无限下拉操作。无限下拉操作的实现可以参考代码清单 6-13。

代码清单 6-13　无限下拉操作

```
// 我们将展示两种方式的无限下拉操作：框架的声明式编码和 RxJS 的手动编码
// 1 React 和 CSS 结合，实现关卡页面无限下拉
// pages/PuzzlePageController.js
// 1.1 无限下拉的控制组件会保持当前关卡及前后关卡的渲染
class PuzzlePageController extends React.Component {
// 省略部分业务代码
  static getDerivedStateFromProps(nextProps, prevState) {
    if (nextProps.puzzlePage
        && (nextProps.puzzlePage !== prevState.puzzlePage)) {
      const _newState = Object.assign({
        puzzlePage: nextProps.puzzlePage
      }, getDatasByCurrentId(nextProps.puzzlePage))
      return _newState
    }
    if (nextProps.puzzleSid
        && (nextProps.puzzleSid !== prevState.puzzleSid)) {
      const _newState = Object.assign({
        puzzleSid: nextProps.puzzleSid
      }, getDatasBySid(nextProps.puzzleSid))
```

```
        return _newState
      }
      return null
    }
// 省略部分业务代码
slideUp() {
    console.log('slideUp')
    if (this.state.prev.sid !== 0) {
      this.props.changePuzzleSid(this.state.prev.sid)
    }
  }

  slideDown() {
    console.log('slideDown')
    if (this.state.next.sid !== 0) {
      this.props.changePuzzleSid(this.state.next.sid)
    }
  }

render() {
    return (
      <div className="puzzle-page-container"
          onTouchStart={this.touchStartFuc}
          onTouchEnd={this.touchEndFuc}>
        {
          !!this.state.prev.sid && (
            <PuzzlePage
              type='prev'
              key={this.state.prev.sid}
              sid={this.state.prev.sid}
              data={this.state.prev.data} />
          )
        }
        <PuzzlePage
          type='current'
          key={this.state.current.sid}
          sid={this.state.current.sid}
          data={this.state.current.data}
          changeToPrepPuzzle={ this.slideUp }
          changeToNextPage={ this.slideDown }
          />
        {
          !!this.state.next.sid && (
            <PuzzlePage
              type='next'
              key={this.state.next.sid}
```

```
                    sid={this.state.next.sid}
                    data={this.state.next.data} />
            )
        }
      </div>
    )
  }
}

// pages/puzzle/PuzzlePage.js
// 1.2 关卡页面，根据是否展示当前页面，赋予组件不同的类名和效果
class PuzzlePageBase extends React.Component {
render() {
  const p = this.props
  const _data = this.state.puzzleData
  const containerDisplayClassName = 'puzzle-p-page-' + p.type
  const containerClassName = "puzzle-p-page " + containerDisplayClassName
  return (
    <div className={ containerClassName }>
     // ...
    </div>
  }
}

// CSS 样式上区分显示位置，并做动画优化
// page/style.scss
.puzzle-p-page {
  width: 100%;
  height: 700px;
  position: absolute;
  transition: top 500ms, opacity 1s;
  will-change: top;
  &.puzzle-p-page-current {
    top: 0px;
  }
  &.puzzle-p-page-prev {
    top: -700px;
  }
  &.puzzle-p-page-next {
    top: 700px;
  }
}

// 2 RxJS 实现无限下拉
// pages/PuzzlePageController.js
import { of } from 'rxjs';
```

```
import { map, filter, debounceTime, tap } from 'rxjs/operators';
// ...
class PuzzlePageController extends React.Component {
// ...
getDefaultData() {
    const currentPuzzleId = parseInt(sessionStorage.getItem('currentPuzzleId') || 1)
    const _sidDatas = data.getSidsByPuzzleId(currentPuzzleId)
                      .map(data.getPuzzleDataBySid)
    return this.getNewData(_sidDatas)
  }

getNewData(sids) {
    return {
      prevPageProps: {
        type: 'prev',
        key: sids[0] && sids[0].sid || -1 ,
        sid: sids[0] && sids[0].sid || -1,
        data: sids[0] && sids[0] || {},
      },
      currentPageProps: {
        type: 'current',
        key: sids[1] && sids[1].sid ,
        sid: sids[1] && sids[1].sid,
        data: sids[1] && sids[1] || {},
        changeToPrepPuzzle: this.slideUp,
        changeToNextPage: this.slideDown,
      },
      nextPageProps: {
        type: 'next',
        key: sids[2] && sids[2].sid || -2 ,
        sid: sids[2] && sids[2].sid || -2,
        data: sids[2] && sids[2] || {},
      }
    }
  }

  setNewData(sids) {
    this.setState(this.getNewData(sids));
  }

  slideUp() {
    const newSid = this.state.prevPageProps.sid
    this.subscribeScrollOb(newSid)
  }

  slideDown() {
```

```
      const newSid = this.state.nextPageProps.sid
      this.subscribeScrollOb(newSid)
   }

   subscribeScrollOb(newSid) {
     this.scrollOb.pipe(
       debounceTime(1000),
       filter(x => x.sid === this.state.nextPageProps.sid),
       map(x => data.getSidsBySid(x.sid)),
       map(x => x.map(data.getPuzzleDataBySid))
     ).subscribe(x => {
       this.setNewData(x)
     })
   }

 render() {
     return (
       <div className="puzzle-page-container"
           ref='container'
           onTouchStart={this.touchStartFuc}
           onTouchEnd={this.touchEndFuc}>
         <PuzzlePage {... this.state.prevPageProps} />
         <PuzzlePage { ... this.state.currentPageProps } />
         <PuzzlePage { ... this.state.nextPageProps} />
       </div>
     )
   }
 }
```

6.6 本章小结

通过本章对 RxJS 的介绍，我想大家应该对函数响应式编程的设计出发点和实现形式有了清晰的了解。结合前两章 RxJS 的示例，从思想到形式，RxJS 都算得上函数式在前端的优秀实现。

RxJS 适合通过事件流对多页面、多入口、多流程的项目进行梳理，也便于执行数据可视化方案、H5 动画制作，乃至生成前端平台级应用的核心，因此 RxJS 在前端的应用场景非常广泛。RxJS 落地的障碍主要在于我们对 Rx 众多 API 的熟悉成本以及特性场景下的取舍。我们不必在简单场景中使用 RxJS，在需要这些 API 作用的时候按需引入即可。

　　如今前端语法层面的工具也发展到了一定的高度，RxJS 处理事件流和异步事件时，佐以 TypeScript 类型约束和成熟的带有视图控制层的框架工具，就能形成一套较为全面的前端开发解决方案。合适的工具方案会给编码带来更理想的开发效率、稳定性和扩展性。

　　后面我们会继续学习 React 框架和它引入的 React Hooks。React 在开放性和便捷开发中取得了很好的平衡，且引入了较多函数式思想。

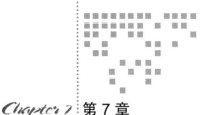

Chapter 7 第 7 章

React Hooks 和它的函数式考量

相比于其他前端主流框架，React 独特的设计理念使它近年来颇受青睐。

React 和同期框架除配合 Webpack 解决前端项目的部分工程问题外，还实现了前端渲染和程序的组件化需求。结合当前事件流的需求，React 可以实现初始化视图，加上响应式渲染，便形成了前端开发最常见的形态。

相较于早期 AngularJS 等框架的配置型声明式语法，React 手动调用 render 方法略显笨拙，但对于开发者来说，这样可以更好地掌控由数据生成视图的过程。大家热衷于使用 React 的易扩展性，同时也怕对过程失去掌控，造成系统中大量冗余代码穿插跳转，增加维护者理解业务逻辑的难度。纯函数概念的特点对于过程管控很有帮助，以至于 React 生态在函数式组件（Functional Component）上投入了越来越多的关注。我们可以从 React Hooks 的产生和实现上逐步展开论述。

7.1 无状态组件和状态管理

为了更好地认识 React Hooks 服务的函数式组件，我们需要先重温两部分内容，即 React 中的无状态组件（简单的函数式组件）和框架中的状态管理。在前端开发中，模块的状态决定了模块自身与其关联内容产生变化的可能性。

7.1.1 现代前端框架和无状态组件

我们先简单回顾一下 React 和当代前端框架。

在之前介绍 jQuery 的时候我们就提到过，jQuery 的核心方法已发展成如今前端的组件和服务。当代框架在解决了前端路由、前端渲染等基础问题后，支持开发者以组件和页面（有路由指向的组件）为基础单元进行开发。

组件的核心仍然是对页面的结构样式（HTML/CSS）、数据状态、响应控制进行细粒度的封装。组件是页面细致拆分后缩微且完整的结构，包含渲染模板 template、页面的生命周期（如初始化 init/ 状态变化事件）和一些业务逻辑方法（如接口调用、数据处理）等。

早期的 AngularJS 会把页面文件中模板以外的内容混合在一个大的 Class 中，借由依赖注入引用公共服务；后来的 Vue、Angluar 逐渐细化了生命周期，引入了更合适的模块化方式。

在编写早期 Vue 和 Angular 代码时，框架偏向使用自动声明式对数据进行视图渲染。代码中需要声明每个周期要做的事情，上下文中状态的变化会被自动映射到页面，如代码清单 7-1 所示。

代码清单 7-1　AngularJS/Vue 实现一个建议反馈页

```
//1 Angular1.x
//template html 文件
<div class="f-advice">
  <textarea rows="10" placeholder=" 请输入您的建议 " ng-model="content"></textarea>
  <button class="btn btn-primary" ng-class="{disabled: done}" ng-click="submit()">
    {{submitLabel}}
  </button>
</div>

//controller js 文件
```

```javascript
export default function ctrl ($scope, $location, userId, request) {
  $scope.done = false
  $scope.submitLabel = '提交'
  $scope.submit = function() {
    if ($scope.done) {
      return
    }
    request.get('feedback.addFeedback', {
      userId: userId,
      feedback: $scope.content
    }).then(function() {
      $scope.done = true
      $scope.submitLabel = '提交成功'
    })
  }
}

// 依赖注入
ctrl.$inject = [
  '$scope',
  '$location',
  'userId',
]

// 2 Vue2
// 可以放入一个 .vue 文件
<template>
  <div class="f-advice">
      <textarea rows="10" placeholder="请输入您的建议" v-model="content"></textarea>
        <button class="btn btn-primary" :class="{disabled: done}" @click="submit()">
          {{submitLabel}}
        </button>
  </div>
</template>

// 状态、方法配置型声明式处理，数据直接映射到 template
<script>
import request from 'service/request'
import userId from '...'

export default {
  name: 'FeedbackPage',
  props: {},
  data () {
    return() {
        done: false,
```

```
            submitLabel: '提交',
            content: ''
        }
    },
    methods: {
        submit() {
            request.get('feedback.addFeedback', {
                userId: userId,
                feedback: this.content
            }).then(function() {
                this.done = true
                this.submitLabel = '提交成功'
            })
        }
    }
}
</script>
```

相对于其他早期的框架，React 的主要特色是突出页面 render 方法，即 React 偏向于开发者手动参与渲染函数（包括状态数据变化后的新函数）。在 render 中加入方法（如 renderList）就可以渲染一个列表，使得 React 可以更直接地通过函数嵌套实现组件的嵌套，最终直接引出只包含一个 render 方法的函数式组件。这种行为也方便函数式组件之间进行高阶嵌套（HOC）。

使用 React 和无状态组件改写反馈页逻辑，如代码清单 7-2 所示。

代码清单 7-2　使用 React 和无状态组件改写反馈页逻辑

```
// 3 React
import request from 'service/request';
import userId from '...'

class FeedbackPage extends React.Component {
    constructor(props) {
        super(props);
        this.state = {
            done: false,
            submitLabel: '提交'
        }
        this.content = ''
    }
```

```
    textChange(e) => {
        this.content = e.target.value
    }

    submit() => {
      request.get('feedback.addFeedback', {
        userId: userId,
        feedback: this.content
      }).then(function() {
          this.setState({
          done : true,
          submitLabel: '提交成功'
        })
      })
    }

    render() {
      let buttonClass = 'btn btn-primary ' + (this.state.done ? 'disabled' : '');
      return (
          <div class="f-advice">
          <textarea rows="10" placeholder="请输入您的建议" onChange={textChange}>
            </textarea>
          <button class={buttonClass} onClick={submit}>
            {this.state.submitLabel}
          </button>
        </div>
      )
    }
}

// React 函数式组件 / 无状态组件
// 省略 import，暂时缺失一些使 UI 变化的功能，如提交后的文字等
function FeedbackPage({done = false, submitLabel = '提交', content}) {
  const submit = () => {
      request.get('feedback.addFeedback', {
        userId: userId,
        feedback: this.content
      }).then(function() {
        ...
      })
    }

  return (
    <div class="f-advice">
      <textarea rows="10" placeholder="请输入您的建议">这里是建议</textarea>
      <button class={buttonClass} onClick={submit}>
```

```
          {submitLabel}
        </button>
      </div>
    )
  }
```

函数式组件（Functional Component）早期也被称为无状态组件，它本身就是一个直接返回模板对象（Element）的函数，不会因为内部状态变化而再次被调用。我们可以将其理解为只包含一个 render 方法的 React 类组件。无状态组件相当于满足了第 6 章事件流模型中第一阶段的需求，即在静态页面加上初始化时已经能确定的响应事件（如点击事件）。但是事件和页面内容很难通过这一函数再进行更改，所以代码清单 7-2 中缺失了一些功能。

不管是 React 中的类组件，还是 Vue 的 ".vue" 文件，都是将一个 viewUI 文件和状态变化带来的动态页面放在一起，最终解释为可迭代的函数。React 的无状态组件直接暴露这类迭代函数，尽量把中间过程交给开发者掌握，很好地使用函数来诠释状态变化的过程。无状态组件本身也很纯粹，避免了状态变化对结果产生影响。

以上这些特性使得无状态组件在 React Hooks 出现之前颇受欢迎。其实我们也可以将状态的变化与无状态组件编码相结合，只是状态变化要写在组件之外。

无状态组件本身承担的内容较少，更像是一个封装了模板对象的简单组件方案。

7.1.2　状态管理

我们使用当代框架（Vue/React/Angular）编码时，都希望能从组件外部传递一系列属性状态（Props，properties）。这些 Props 构成了组件的多种形态，我们希望可以在改变 Props 时更新组件。

组件的升级来自两种状态的变化：外部属性（Props）的变化和内部状态（States）的变化。

我们可以通过销毁和重建组件改变外部属性（Angular 1.x 的 Component 操作都

是在这两个生命周期中完成的）。在 React 等框架提供的生命周期函数中，我们可以想办法在销毁和重建的过程中保留内部状态，还可以通过框架的 Diff 算法和缓存策略实现组件的局部重建。

我们可以参考代码清单 7-3，实现 7.1.1 节提到的外部属性变化结合无状态组件完成组件更新的功能。

代码清单 7-3　外部属性变化结合无状态组件，完成缺失的反馈页功能

```
// React 外部状态
function FeedbackPage({done = false, submitLabel = ' 提交 ',
  buttonClass, textChangeCB, buttonClickCB}) {
  return (
    <div class="f-advice">
      <textarea rows="10" placeholder=" 请输入您的建议 "
              onChange={textChangeCB}></textarea>
      <button class={buttonClass} onClick={buttonClickCB}>
        {submitLabel}
      </button>
    </div>
  )
}


function* feedbackPageFunc({done = false, submitLabel = ' 提交 ', content}) {
  let currentContent = ''
  let buttonClass = 'btn btn-primary '

  let FcParams = {
    done, submitLabel, buttonClass,
    submit: null,  textChangeCB: null,
  }

  FcParams.submit = () => {
    request.get('feedback.addFeedback', {
      userId: userId,
      feedback: content
    }).then(function() {
      FcParams.done = true,
      FcParams.submitLabel: ' 提交成功 '
      yield getReturnPage(_FcParams)
    })
  }
```

```
FcParams.textChangeCB = e => {
  currentContent = e.target.value
}

const getReturnPage = _FcParams => {
  _FcParams.buttonClass = 'btn btn-primary ' + (_FcParams.done ? 'disabled' : '');
  const pmList = ['done', 'submitLabel', 'buttonClass', 'textChangeCB', 'submit']
                    .map(x => _FcParams[x])
  return FeedbackPage(...pmList)
}

yield getReturnPage(_FcParams)

}
```

有些内部状态是用来展示数据的，若它们发生变化，会直接造成 UI 展示的改变。还有些状态是逻辑状态，框架会通过模板文件上的表达式，实现样式对象、事件方法、响应方式等内容的更改。

一般情况下，状态管理指的是组件集之间 States 的管理、States 变化向子组件 Props 传递，以及这些状态变化的有权限更新（Dispatch）和触发变化的动作（Action，如接口调用）。

现代框架常用的处理状态管理工具有 Flux（它的实现如 Redux、Vuex）和 Mobx 等。这种状态管理是经典的全局变量 / 服务，以及层级结构中基于上下文 Context 的消息传递。它们诞生的核心诉求在于状态数据的组件间传递和权限管理。

在理想的函数式表述系统模型中，React 和 Redux 的组合还简化了从调用 Action 触发外部数据变化，到重新调用组件渲染 render 方法的过程。

函数的反复调用是编码运行时，系统从函数集合演化出结果这一主体过程中较为复杂的部分。我们肯定不希望在游戏里因为一次失误就从头玩，所以设计的游戏应具备存储进度的功能，或者能够按照规则跳过已通关的场景。此时，就用到了 Redux 自动处理调用过程的功能。不过如 3.8 节所述，在编码时，我们要在可读性和过程控制上进行取舍。

而在 React 中，我们还要解决接受数据变更消息后，组件内部状态及引用的子组件的响应问题。

7.2 React Hooks 的原理和目的

React Hooks（简称 Hooks）是 React 16.8 增加的特性，它基于无状态 / 函数式组件，希望能在组件的内部，解决 Class 组件已解决但 React 组件还面临的问题，如涉及生命周期、对自身引用（this、ref）、内部状态变化等。

顾名思义，React Hooks 本质上是一系列的 Hooks（钩子，或者说是与外部交流的抓手）作用在纯函数内部，描述状态变化时函数组件本身应该有的行为模式。

也可以这样理解，React Hooks 是把代码清单 7-1 中写在函数组件外的（状态的变化可以结合无状态组件编码，只是要写在组件之外）那部分代码，描述在函数组件之内。

事实上，我们还是使用了一些外部的方法，如 " import React, {useState, memo, useMemo, useCallback} from 'react'; " 对函数式组件进行加工、组合。

这些常用 API 的具体使用方法就不一一介绍了（建议查看官方手册），我们只看它们的形式、产生目标，及其对函数式组件的解读。

从纯函数的角度来看，函数组件中 React Hooks 的使用并不是很纯粹。如果我们覆写 useState 方法，组件在运行时的执行逻辑就会出现变化。实际上我们可以将其理解为函数式和代码可读性的折中实现。如果外部的逻辑并不复杂，我们也不希望有太多的代码跳转。

回到 Hooks 的初衷上，我们现在可以看到它的目标了：相对于可以完整实现业务的类组件（Class Component），加入函数式组件（Functional Component）缺失的控制点。对于缺失的控制点，主要是因为缺少内部数据变化时的二次渲染能力，所以需要引入 useState 方法直接在内部触发状态变化，并触发函数组件的重新调用；其次我们还缺少一些生命周期方法，主要对应组件初始化、销毁，以及外部带来的更新，因此引入了 useEffect 这个工具。关于内外部的状态变化需求，则通过这两个钩子机制的引入得以解决。

为了更好地搭配 Dispath、按需渲染、增加渲染前的时间钩子，React 中出现了一些锦上添花的钩子方法，如 useReducer、useMemo、useLayoutEffect 等。

这些方法和 Class 组件中对应方法的区别在于，函数式组件在外部维护了对应自身状态数据的存放空间，形成了类似 Class 组件的模块上下文。这里单独提一下 useRef，它虽然也在外部存储，但它的实现结果是在函数式组件中又开辟了一个空间，可以方便地存放任何可变值，包括组件的实例本身。函数式组件因此有了锚定和存储空间，但这也破坏了函数组件本身的纯粹性，需要开发者有意识地控制它。

在这些 Hooks 的加持下，我们就可以把组件外的内容写入函数式组件，进而实现良好的代码模块化了，尽管对外的隐式依赖是不可避免的。

在类组件中，我们使用成员方法带来配置型声明式的编码风格，Hooks 的设计思想是使用升级版的函数式组件，以更清晰的过程来厘清事件流转。这也是我认为 React 使用 Hooks 后的理想方向。React Hooks 的官方介绍中提到了 Hooks 的"动机"，其中包含组件之间复用状态逻辑的便捷化、复杂组件易理解程度等内容。React 在类组件非常成熟的情况下推动这些特性，是为了实现 React 事件流的清晰化。

虽然类组件最终仍会编译成函数用以渲染和观察，但 React 类组件中提供的 render 方法以及框架中 CSS 样式和 JavaScript 组合方案的探索，都能体现 React 希望在前端跨多层的场景中，予开发者在 JavaScript 能编码介入所有环节。

结合已经实现的内容和高阶函数的概念，我们可以得出这样一个结论：基于函数式组件的 Hooks 的实现，主要还是外部切面服务（或者说部分批量服务）对函数组件的高阶包装，并在 return 组建模板内容时，使用了 this、ref 等位置的内容。

代码清单 7-4 所示是 useState 的简单模拟。

代码清单 7-4　useState 的简单模拟实现

```
// 申明变量 _state、生成标记
// 申明两个方法，分别对应 useState 所在函数组件和它被调用镶嵌的位置
const _state = [], _genIndex = 0;
const reRenderThisComponet = (state, contextCptFunc) => contextCptFunc(state)
const componetAnchorPosition = contextCptFunc => getCptParentPosition(contextCptFunc)

function useState(initialState, contextCptFunc) {
  const currentIndex = _genIndex;
  if (_state[currentIndex] === undefined) { _state[currentIndex] = initialState }
  const setState = newState => {
    _state[currentIndex] = newState;
        // 在外层重新 render 调用 state 的组件，虚拟调用
    ReactDOM.render(reRenderThisComponet(_state, contextCptFunc),
      componetAnchorPosition);
    _genIndex = 0;
  }
  _genIndex += 1;
  return [_state[currentIndex], setState];
}
```

7.3　React Hooks 的实践和方向

从 React Hooks 的设计思路出发，Hooks 在函数里满足有状态组件的一些特殊需求是一种很好的实践。从 Class 到 Hooks 的过渡，需要一个熟悉 Hooks 的使用姿势，完成收集 Hooks 开发时的感受和反馈，再到改进 Hooks 使用方式的过程。我们先抛开案例，从场景出发进行讨论。

首先明确一点，当我们引入一个新的工具时，最好遵循最小够用原则。对于 React 有状态组件，有以下几种复杂场景需要用简洁的方案加以实现。

1. Ref 的调用

Ref 的常见应用场景是组件希望含有成员方法，并可以在组件外进行调用。例如一个输入框组件 C1，我们希望它获得焦点。在 React 或 Vue 组件中，最直接的做法是将输入框组件 C1 在父组件 C2 中给予锚定，即赋予 ref 属性，然后调用

RefC1.focus。

首先从组件化的角度来看，我们其实不希望父组件直接调用子组件的方法，而是希望先通知子组件做一些事情，比如更改子组件的某个开关或版本号，哪怕使用"C1.focusTime++"的形式也会更合适一些。

其次，从组建内部角度出发，我们实际上很难调用组件自身。上面提到，useRef开辟了一个空间用于存放组件自身，在其内部我们可以使用 useRef.current 保管当前对象。

useRef 使用了类似闭包的方式存放组件级历史数据，使数据得以保存，避免了父组件中出现一些非受控组件行为。至于 useRef 在自己的存储空间内获得函数式组件的实例锚定，则可以认为是 React 的合理黑盒行为，可以将其当作对 React 框架功能给予信任。useRef 的实践如代码清单 7-5 所示。

代码清单 7-5　useRef 的实践

```
function FeedbackPageDefault(focusTime) {
  const txtArea = useRef()
  const buttonClickCB = () => {
    txtArea.current.focus();
  };
  if (focusTime) {
    txtArea.current.focus();
  }
  return (
    <div class="f-advice">
      <textarea rows="10" placeholder=" 请输入您的建议 " ref="txtArea"></textarea>
      <button onClick={buttonClickCB}>
    </div>
  );
}
```

2. 自定义 Hook 实现 Loading 指令

说起指令（Directive），可能很多人已经感到有些陌生了。实际上它在 Angular 中可以算作组件的一级属性。我们在组件中直接添加 Disabled/Loading 之类的简单属性，就可以实现一些复杂的高阶功能。

在传统组件中，Loading 是通过设置一个和 Loading 动效以及组件整体的显示 / 隐藏相关的状态变量 isLoading 实现的。

我们可以使用 useState 实现状态变量 isLoading，使用 useEffect 实现生命周期并且设定一个兜底方案，使用 useRef 对自身进行操作，也可以自定义一个 Hook 指令完成这一切操作。

代码清单 7-6 是一个典型的复合 Hook 功能的示例，体现了 Hook 的复用功能。

代码清单 7-6　Loading 的实现

```
// 简易 Loading
import React, { useEffect, useState } from 'react'
function useloadingDirt = (isLoading, data) => ({
  const [displayNotice, setDisplayNotice] = useState('');
  useEffect(() => {
    if (isLoading) { displayNotice = 'loading' }
    return () => {
      displayNotice = ''
    }
  })
  return displayNotice
})

function FeedbackText({ isLoading }) {
  const displayNotice = useloadingDirt(isLoading)
  return {
    <textarea rows="10" disabled={isLoading}>{displayNotice}</textarea>
  }
}

function FeedbackButton({ isLoading }) {
  const displayNotice = useloadingDirt(isLoading)
  // 省略与本节无关的 click 事件
  return {
    <button disabled={isLoading}>点击提交 </button>
    <label>displayNotice</label>
  }
}

function FeedbackPagePartA({ isLoading }) {
  return (
    <FeedbackText isLoading={isLoading} />
```

```
    <FeedbackButton isLoading={isLoading} />
  )
}
```

通过这个 Loading 指令示例，我们很容易就能联想到借助 Hooks 来实现和进一步封装这种组件切面级别的方法，也就是组件的服务。这是"UI 加服务"的另一种实现。

我们可以很方便地实现 Request（use-fetch）、Rxjs（use-observable）、Storage（use-storage）这些切面服务。相比于传统的实现方式，使用 Hooks 后，代码的可读性有所提升。这类代码中组件的逻辑只是看似内聚到组件函数中，且 Hooks 和渲染的处理分界也比较明确，是当前比较理想的函数式组件模式。

7.4　案例和代码

通过本章的介绍，我们可以看到，React Hooks 的意义更多是承担函数组件之间的衔接和调用作用。可以说，React 框架下的前端代码执行过程，可以转变成入口服务（main.js 和 Router 相关）——函数组件——React Hooks 衔接三大块内容。我们之前提到的通用的服务内容，也完全可以借助 React Hooks 在函数组件内部进行调用。

从使用需求层面挖掘对 React Hooks 的应用，落地项目的形式包括环境中的通用变量、关卡状态的简化、关键（Key）信息的维护等，如代码清单 7-7 所示。

代码清单 7-7　React Hooks 实践

```
// 示例主要演示状态管理的简化
// 1  单一组件中状态的简化处理和 Context 的变量传递
// 1.1 ClassComponent
// pages/OverviewPage.js
class OverviewPage extends React.Component {
  constructor(props) {
    super(props);
    this.state = {
      easterEggsCount: 0
    }
    this.increaseEasterEggsCount = this.increaseEasterEggsCount.bind(this)
  }
```

```
  increaseEasterEggsCount(_easterEggsCount) {
    if (100 * Math.random() > 95) {
      this.setState({
        easterEggsCount: _easterEggsCount + 1
      })
    }
  }

  render() {
    const _easterEggsCount = this.state.easterEggsCount
    return (
      <EasterEggsCountContext.Provider value={ _easterEggsCount }>
        <div className="overview-page"
            onClick={() => this.increaseEasterEggsCount(_easterEggsCount)}>
          <div className="overview-page-matrix">
            <span>{$$title1}</span>
            <Suspense fallback={<div>Loading</div>}>
              <OverviewMatrix />
            </Suspense>
          </div>
          <div className="overview-page-evaluation">
            <span>{$$title2}</span>
            <OverviewEvaluation />
          </div>
          <div>
            <OverviewLink />
          </div>
        </div>
      </EasterEggsCountContext.Provider>
    )
  }
}

// pages/overview/OverviewLink.js
class OverviewLink extends React.Component {
  render() {
    return (
      <EasterEggsCountContext.Consumer>
        {
          easterEggsCount => (
            <div className='overview-link'>
              <div className="over-view-l-page">
                { easterEggsCount }
              </div>
              <div>&gt;</div>
            </div>
```

```
            )
          }
        </EasterEggsCountContext.Consumer>
      )
    }
}

OverviewLink.contextType = EasterEggsCountContext

// 1.2 使用函数式组件和 userReducer、useContext 后代码简化
// pages/OverviewPage.js
function OverviewPage() {
  const [easterEggsCount, dispatch] = userReducer((state, action) => {
    if (action === 'increase') {
      return (100 * Math.random() > 95) ? state + 1 : state
    }
  }, 0)

  return (
    <EasterEggsCountContext.Provider value={ easterEggsCount }>
      <div className="overview-page"
           onClick={() => dispatch('increase')}>
        <div className="overview-page-matrix">
          <span>{$$title1}</span>
          <OverviewMatrix />
        </div>
        <div className="overview-page-evaluation">
          <span>{$$title2}</span>
          <OverviewEvaluation />
        </div>
        <div>
          <OverviewLink />
        </div>
      </div>
    </EasterEggsCountContext.Provider>
  )
}

// pages/overview/OverviewLink.js
function OverviewLink() {
  const easterEggsCount = useContext(EasterEggsCountContext)
  return (
    <div className='overview-link'>
      <div className="over-view-l-page">
        { easterEggsCount }
      </div>
```

```
      <div>&gt;</div>
    </div>
  )
}

// 2 使用自定义 Hooks 从服务端获取关键信息
// pages/DetailPage.js
const useIntro = (puzzleId) => {
  const [intro, setIntro] = useState(null);
  useEffect(() => {
    requset(puzzleId).then(res => {
      setIntro(res)
    }).catch(e => console.error(e))
  }, '');
  return {
    intro,
    setIntro,
  }
};

// 模拟向服务端发起数据请求
function requset(puzzleId) {
  return new Promise((resolve, reject) => {
    setTimeout(() => {
      const _intro = data.getIntroById(puzzleId)
      resolve(_intro)
    }, 1000)
  })
}

function DetailPage(props) {
  const { intro } = useIntro(props.puzzleId);

  return (
    <div className='detail-page'>
      <div className='detail-intro'>
        <div className='detail-intro-title'> 关卡介绍 </div>
        <div className='detail-intro-content'>
          { intro }
        </div>
      </div>
      <div className='detail-link'>
        <DetailLink />
      </div>
    </div>
  )
```

```
    }

export default DetailPage
```

7.5　本章小结

因为本书是以介绍函数式为主，所以本章只针对 Hooks 的动机和目的进行简单的讨论。实际上 React Hooks 可以看作是包装了很多组件能力的内部成员方法，它还有更多灵活的应用。

从当前 Hooks 的 API 来看，除去它对生命周期的简化等功能，使用 React Hooks 还不是那么有必要。这种写法只是将一个模块的部分服务写入渲染函数。在这个函数中，使用了一些外部钩子来整合组件逻辑部分的代码。事实上这种写法加深了代码的外部耦合度（看似内聚），而外部依赖产生变化会造成模块行为不一，所以 React Hooks 并不是真正理想的纯函数写法，也和 HOC 走向了略为不同的道路。

函数式组件最终成为有多种可能结果的非纯构件体，在函数式组件中，多次重新构建组件需要的状态变化被隐藏在组件的整体构建方法中。我们在第 8 章会讨论各种结构内容变化的时机，这也是我认为前端复杂度的体现之一。

最后，我们回到本章经常提到的"配置型声明式"写法上。在 AngularJS 和 Vue 的早期版本中，开发者使用组件属性表示内部方法、生命周期和子组件。而实际上对于想通透了解所有编程层面的读者来说，用配置型文件解释框架中的编码是有逻辑缺失的（在使用 TypeScript 时，类型推导有断层）。作为工程师，代码掌控在自己手里才能控制风险，这样当引入跨多个代码层面的工具时才可以更有主动权，解决疑难问题时也能保证调试效率。

前端开发的工具介绍到本章也告一段落。在第 8 章，我们将对函数式、前端开发，以及我们的初衷——用函数式解决生产流程的工作做最后的探讨。

Chapter 8 第 8 章

函数式和前端复杂度总结

在前 7 章，我们已经详细介绍了函数式与前端的思想、概念以及两者交汇应用的演讲和发展。当前，Web 前端研发领域覆盖了完整的全链路内容，包括数据的轻量存储、实时更新的测试环境、一些必要的端服务等。甚至前端的业务形态也从页面开发发展到了前端可视化、H5 游戏等富客户端内容。

开发者负责的领域不停地外延和变化，促使开发者积极思考与工作相关的更多内容。前端（客户端）场景的变化和发展层出不穷，前端领域很难满足一万小时的熟练定律，这就需要我们不断学习新的知识、完成新的方案，同时我们要适时审视自己的工作，不要偏离前端开发的核心诉求。

8.1 前端开发的复杂度

简单讲，前端开发的复杂度是前端业务复杂度量级提升带来的。复杂度量级的变化有从静态页面到动态页面的前端逻辑复杂度变化；也有从服务端渲染到前端的 SPA 应用，再到服务端更多前端辅助能力（BFF 层能力）开发层级的复杂度变化。

前端开发的内容主要涉及 UI 层结构、装饰和布局，然后由使用 JavaScript 语言描述的控制器和数据层逻辑，到必要的上下游服务：后端接口的调用、容器和环境方法的适配。以上内容我们已反复讨论多次，而且从 jQuery 时期，H5 客户端这一层面的代码复杂度就已经确定了。

随着容器所在的软硬件环境和网络能力快速发展，前端的承载能力不断飙升，可以实现的功能更是不断突破想象。前端在不停拓宽开发边界，在这样飞速变化的场景中，能够探索并提高开发效率、开发稳定性和可调试能力，是各个研发领域要求开发者具备的技能。

这些技能涉及从开发到部署的各个环节，作为开发者，需要在这些环节对系统进行细化和分层。分层初期可能会带来额外的改造成本，我们要思考怎样才能更高效、自动化地减少、甚至避免这些额外的开销，并且要考虑怎样能快速实现新增内容的稳定终态。之后我们再消化编码分层带来的系统清晰度问题，努力使代码易于理解、对接，使调试过程变得更加规范。我们也可以在各层建立更多提效工具和数据收集，提升软件工程指标。

8.1.1　前端开发者可以介入的时机

纵观整个研发过程，开发者可以在开发、编译、用户反馈变化（运行时的交互）这几个阶段介入，进行更多适配系统功能变化的开发和配置工作。

1. 用户交互时

我们从最接近用户的环节，即系统运行和用户交互阶段观察编码和它的变化。在网页运行时，需要根据用户的反馈，也就是状态数据进行变化，以便让页面应用进入新的稳态，随时接受下一次反馈，有时这些反馈还来自远程接口等外部环境。

我们应避免两次动态变化互相冲突，理想情况下应该明确使用页面的稳定版本，并对编码进行一些防抖节流和按钮 Disabled 处理，以及做一些过渡动画和容错。这些工作是前端系统完整性的一部分。呆板和不确定时机的信息和样式变化往往是版本快速迭代的临时产物，也是调用"超卖"等核心链路时产生冲突的原因之一。React 的 Fiber 思想和游戏、动画按帧渲染一样，都是追求间隙稳定态的表现。

单页面应用（SPA）是近几年前端在用户交互层的重要工具之一。SPA 发展几年后，我们又在寻求应用间的解耦合（服务端渲染和前端微应用）。SPA 的优势在于能通过 Web 应用间的高耦合结构，提前部署业务逻辑更多的可能性并做一些预处理工作，进而大量节省网络通信和服务端负载的成本，提供更流畅的交互体验。SPA 最大的缺点是冗余数据集中性能消耗大，在保障前端数据安全时会存在更大的负担。

考虑到 Web 客户端的稳定性，我们要设计出更安全、稳妥的前端模型，使之具备更强大的前端处理能力（前端分层、前端点对点处理），而后根据当前业务偏好、系统安全性和资源要求（包括通信频率），合理地把数据和逻辑划分到客户端和服务端。

图 8-1 所示的抢购场景就是基于系统安全考虑和服务器压力，在前端用户交互上做的一些妥协。

图 8-1　抢购场景牺牲了一些信息同步，以减轻服务端的压力

2. 代码编译时

一些代码编译时常用的辅助工具，比如 Webpack 打包构建工具，同时集成了 Babel 适配、Typescript 转换、Lint 检校，以及一些框架如 Vue 的模板解析能力。事实上，我们可以通过命令行和 Node 等自动命令，在编译时完成更多的工作，比如字体和图片资源的打包和格式转换、遍历文件夹生成一些动态文件、读取配置项生成一些部署的内容等。在这个阶段，系统完成的主要工作是项目初始化。项目初始化过程

比较呆板，主要是在构建时引入一些工具，且依照确定的规则操作。如果没有明确的操作规则，我们可以把操作时机前移到开发时。

3. 系统开发时

计算机辅助编码主要集中在项目系统阶段。在开发时，我们可以封装一些简洁命令，用来划分领域范围、制作项目搭建的脚手架等。

前端开发工作的必要性在于前端有一些工作需求还不能被明确地归纳、抽象。编码行为是为了确定系统的复杂度和范围，一般情况下，同等范围内系统的复杂度和开发的复杂度成反比，除非系统被过度地"面向未来设计"。在开发阶段，IDE 和编辑器也会带给开发者一些智能能力（类型检测、自动补全等依赖代码语义理解的行为及代码规范、代码可触达率等约束能力），这些能力其实也来自我们提前对整个代码开发过程的归纳。

开发阶段包括系统分析和设计。系统设计的过程会带来需求范围形式上的变化，它来自架构考量，也来自产品需求。关于设计和架构还有很多内容可以展开，对于产品需求的变更和扩充，我们一定要把握好信息记录和产品化、平台化的节奏，尽量提前消除产品维度变更造成的不确定的影响。

比如当产品经理提出的业务需求将根据不同新客户出现大量定制逻辑时，我们应该考虑从一个确定的业务流程系统，转换为可以承接多个扩展点、针对不同客户产生不同实例活动的业务搭建系统。对于这类系统的开发，我们可以根据某一扩展点的客户数量，来确定是否提前对能力进行封装；也可以把代码实体抽象成流程、领域、组件等采用合适的概念进行描述的元素，直接开发业务搭建系统的核心雏形。

软件设计和产品设计的一体两面性，要求我们和需求方在更多逻辑实体层面达成共识，比如操作者权限、产品更改的时机等。这些共识会影响平台整体的权限方案、项目部署时的配置项、代码的更新策略等决策性内容。设计面向变更的系统是由业务不确定性决定的，编码实现可变更内容的理想复杂度大约是面向单一产品的编码复杂度的 3 倍。

除了上述提到的 3 个时刻，开发者可以介入且可以引发系统变化的时机，还可能是系统成品的变更规划和工具抽象层次的提升带来的。

实际上我们还可以继续对前端编码分层。开发时如果依赖别的业务团队创建的系统或重要的依赖包，我们就可以监控被依赖内容的变化，并对变化进行处理（比如导航 Web 页面的开发依赖地图组件）；运行时我们可以根据用户的选择，生成新的平台内容，比如在线编辑的 BI 报表等。

8.1.2　纯粹的运算复杂度

除了快速更迭的业务外，我们有时还面临纯粹的具备数值运算或前端渲染等前端自身复杂度的工作，比如数据可视化、网页游戏等富客户端内容。在我们讨论的 Web 开发背景下，如果有一个明确的前端 App 产品开发需求，且这个产品中数据安全可控，那么一个富客户端可以帮助我们节省大量的设备和网络资源。而函数式的编码方法很适合开发这种有明确需求的富客户端 App。

开发者经常使用 RxJS 处理大量状态变化的场景，比如办公协同软件；也可以使用封装良好的工具进行游戏渲染和响应，处理 WebGL 工作。我曾参与处理过大量数据明细和 BI 图表展示工作，因为明细数据已经脱敏，在前端完成统计工作就能节省大量服务端算力。

借助高效的环境引擎和引擎上的优化可以提高这些纯粹的运算复杂度场景的开发效率，比如 WebAssembly 处理这些场景优化的能力十分专业和出色。不过如果需要完成一些相对简单和有时效限制的工作，如抢购页面、活动小游戏等，建议大家还是自制一些前端开发工具和引擎，比如我们每章案例中使用的关卡引擎，函数式的工具很适合处理这些场景。

8.1.3　前端和相邻领域复杂度的区别

纯粹的前端 Web 开发领域离不开与上下游领域的交织。这些相邻领域主要有业务后端（服务端领域，还包括网关和其他基础服务端内容）、原生客户端（Android 和

iOS，还有桌面系统客户端）等。

我们先来比较一下前端和原生客户端的概念。前端开发和原生开发在复杂度上的差异主要在于开发原生客户端时，可以直接调用更多的客户端系统权限。这个差异使得在安全角度，原生客户端可以储存更多内容；从功能实现角度，原生客户端也可以直接调用更多有价值的系统权限（机器身份识别、定位等）。

相对于稳定性上的优势，原生客户端损失了一些 App 成品的灵活度。原生客户端通常不能针对用户的响应及时、灵活地变更展示内容，样式渲染能力也是前端 CSS 的子集。一般来说，原生客户端更新策略需要通过改版才能实现，这也导致其变更的及时性较为滞后。

我们用原生程序开发一个模拟经营拉面店的游戏，如图 8-2 所示，同时我们选择用 H5 开发快速迭代的面馆 SaaS 平台。Web 端的开发能力更像是基于浏览器的开发规范合集，它受制于浏览器的能力，但好在也拥有较多的样式和代码特性，以及语言灵活性带来的更多好处。

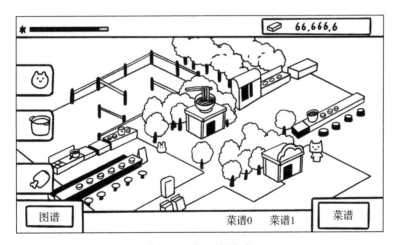

图 8-2 拉面店游戏

现实中的前端开发多是 Hybird 开发，伴随着 RN 框架、小程序等同质化的探索也在持续变化。

接下来我们对前端和后端业务进行区分。在业务上对数据模型做前后端区分时，最主要的依据是安全性（两端可同样处理业务 API 层），其次要考虑到业务后端更接近业务底层，能够直接操纵和管理数据内容。

安全是相对的，互联网环境下，代码本身的逻辑和基础数据有时可以做得很透明，这取决于逻辑的合理性和敏感程度。收集用户行为数据的程度会增加 Web 系统的丰富程度。日志数据是否全量收集和分析，有时也取决于产品的稳定程度和产品面向变化、面向未来的必要性。

中台之后的服务端逻辑涉及真正意义上的数据分发管理，前端暂时是没办法取代的。所以，中台逻辑之前的复杂逻辑，比如图表的计算和展示，实际上可以由前端分担。当然，也有些前端内容出于安全考虑（比如数据的体检分析模型），可以由后端进行服务端渲染（SSR）。

凡事没有绝对，POS 机、游戏主机等场景下，客户端通过硬件加强了安全控制，而前端也可以借助容器的能力实现一二。安全令牌、短信口令等措施加强了前端的安全能力，前后端对一件事的冗余处理方案有时也会作为普遍方案来解决问题。

技术总是在变化的，未来前端还可以多借鉴一些区块链和客户端点对点加速等技术，以介入更多的服务端工作，淡化端的概念。随着容器环境权限不断被提高（浏览器和 WebView 标准更迭），以及小程序等生态式容器的发展，Web 前端也可以承担更多原生客户端的工作。

随着前端代码运行环境的标准化、生态化建设，以及前端运行环境可迁移性的提高，"JavaScript 写一切"的设想将成为可能。

8.2　函数式在前端的积极作用

本节我们简单归纳一下函数式在解决前端复杂度问题时起到的作用。

8.2.1　厘清运行时的状态变化

将系统代码的焦点明确地导向状态的变化和变化的后续响应（而不是状态本身），这是第 3 章讨论的信息流编程世界观下，我们期望通过编码实现的目标之一。

Web 开发时，我们会在服务端管理大量的系统状态和系统数据，纵观本书介绍的前端函数式演进过程，我们可以看到随着前端工作流逐渐增多，事件和远程状态响应都会变得错综复杂。

查看一个多于 10 个页面或组件复杂的项目代码时，我们会发现相比于后端，很难通过前端代码读懂整个业务链路。使用 Redux 之类的工具会增加前端代码运行的圈复杂度，加之前端分层类型的多样性，维护者很难基于历史代码梳理已有的业务逻辑。

如果我们将核心代码更换成较为合理的函数式逻辑，或者使用函数式工具和规范对已有逻辑进行归纳，就可以明显提高代码的可读性和代码运行时的可调试性，这也是对历史代码进行升级、改造的方法之一。

8.2.2　加强编程的工程指标

不论是否考虑商业价值，软件项目的优劣都体现在工程特性上。

评判系统优劣最直观的指标就是可用性（稳定性）、可扩展性和易调试性。进行命令式编程时，我们会发现前端一直欠缺大量的基础库，类型系统和模块系统在前端标准发展的早期也不理想。

前端标准借鉴了许多传统高阶语言的特性，比如更通用的类语言能力，帮助开发者生产良好的系统工程。与此同时，函数式的一些语言特征，也是一套很好的工程解决方案。这从另一个角度明确提高了工程能力，通过能力监测、缓存、纯函数，帮助开发者稳定构筑业务核心。

同样地，关于模块化和封装内部的安全性，前端有多套模块标准、Class 语法糖 /

函数来实现。

在前端领域，函数式和传统命令式有些类似工程领域国标和欧标的关系，我们可以从中借鉴一二。

8.2.3 简化编码

相对于后端和原生客户端，前端的语言看起来更加简洁，这是因为 JavaScript 语言在设计之初就是便捷的脚本语言，可以快捷地使用字面量描述对象，其他特性如垃圾回收的简化，也体现了其便捷的设计。CSS 也在视觉处理领域有着配置型的高效形态。

JavaScript 语言和编码方式的发展是螺旋上升式的（受类语言和函数式语言共同影响）。在学习其他类语言优点的同时，JavaScript 引入声明式 / 函数式实现了更多语法和工具上的精简。数组（Array）承担了很多集合结构的特性，随后分离出的 Map/Set 等结构也可以被快速地构建和使用。此外，函数式也补充了数组的很多基础能力（map/flatMap）。

其他一些受函数式影响的工具和特征，包括 Await/Promise 等异步处理工具、事件流方法，以及 Node.js 对 JavaScript 模型的扩充（比如事件从 DOM 事件扩展到更多服务端的消息事件），都展现出了更多函数式的理想用法，给 Web 开发的生态发展带来很大的影响。

8.3 编码之上的工作

基于本书探讨的重点，我希望能多介绍一些前端开发之上的工作。回到前端函数式的初衷，我们都希望能更好、更快、更强地解决开发过程中遇到的问题。与其等待后续的治理，不如在日常开发时进行合理的规划，养成良好的开发习惯。

8.3.1 软件完整度和现实的工作状态

透过其他软件研发领域，我们能看到更多的软件形态，从而完善对软件完整和良好状态的认知。软件架构的形式多种多样，在前端也有很多形态，比如函数式主要体现的数据流风格，可以将构件库风格的各级组件库看作服务集群的服务类组件。

前文提到过，我们可以对软件系统进行合理的分层，那么在理想情况下，各个分层都应该有完整的工程方案，如能力检测方案、容错处理方案、应急降级方案、监控方案、版本迭代方案、数据反馈/对接方案等。实际工作时，可能会因为临时版本过多、滥用敏捷开发、分层过多或前端投入产出低等原因，导致前端系统缺失很多内容。

解决这些问题，我们首先需要有明确的版本规划，以便尽快补全软件完整度；其次要有完备的兜底方案，比如研发时没有面向依赖外部工具的降级方案，就需要对外部工具崩溃带来的所有影响做最少响应的兜底，避免发生白屏、错误穿透等情况。如果因为运行环境难以保证软件完整度，我们甚至可以手动搭建运行环境层。

关于前端工程的完整度，我们最终会上升到很多人学习前端的初衷——用户体验。如果常规的软件复杂度是 100%，对于用户体验优秀的软件则要求复杂度达到 200%。我们要做好合乎用户思维方式的流程，还要在网页动效、等待时间、占位特效和视觉感受上下功夫，这使得前端度的实现也更具挑战性。

8.3.2　前端迭代的呼应

在互联网时代，前端开发多数时候是小步快跑，快速地开发迭代使得系统的整体能力得到提升。

我们之前以电影作类比，软件开发的迭代有时和电影的叙事手法很像，除了要保证小场景情节完整和精彩外，也必须要有一个能串联起整个剧情的叙事结构。

很多公司对研发的要求是一定要有阶段性成果，一个迭代的产品必须要有用户月度活跃（GMV）或者提效的产出。我们要做的是在尽量满足这些要求的同时，推进业务迭代与架构迭代，最终产出一个理想的产品。这点实现起来很难，需要项目负责人有意识地规划和积累。

8.3.3 编码外的更多规划

在保证产品有良好的规划之后，开发者通常会借助一些外部资源加以实现，前端最优先对接的资源应该是同领域的服务端资源，它们使前端数据形成闭环。我们也会依赖用户的环境（客户端容器）和一些需要权限的资源（比如部署代码、构建企业级地图服务等）。前端依赖的原则有两个：最小够用和尽量由自己团队掌控资源或替补资源。作为系统负责人，我们不希望在出现线上问题的时候，被动地等待被依赖方排查、跟进。

软件的规划还涉及更多内容，比如历史版本的处置、技术的交替等。最后我们依然要意识到，编码之上最重要的是工程性。战略性的产品规划往往会带来工程性之外更大的变化，但作为研发工程师，软件的工程性是我们要坚守的最重要的考量标准。

8.4 他山之石

前端作为一个开发领域，包含的层级种类众多，环境能力不断变化，对工程师的需求量也较大，很多计算机理论都在前端有很好的落地实践。

我们在前面的章节探讨了函数式的实践，其实影响前端的理论实践还有很多，比如面向对象、客户端技术、可视化技术、工程研发、用户体验等。他山之石，可以攻玉，我们应多和其他领域技术相互借鉴。

8.4.1 前端即是客户端

在 Web 前端与客户端融合的过程中，前端系统仍然要努力成为完整的客户端。

我们可以通过很多替代方案实现数据安全，例如使用优秀的网络硬件并升级通信协议，外加 Serverless；提升前端存储和交互能力；搭建小程序等生态前端的容器环境等。

在版本控制方面，开发者需要规划前端迭代时的整体版本号方案，平衡缓存和更新策略。在原生能力方面，开发者需要多花心思在容器环境的选择、容器环境的交互（jsBridge）、系统能力的模拟，以及能力监测和兜底方案等内容上。最关键的是，浏览器和移动端 App 带给我们的原生能力，总是会逐渐增强到更加理想的状态。前端的设计要充分考虑这些内容，尽量做到更为周全。

8.4.2　更充分地利用前端能力

理想情况下，前端随着环境和生态的发展，会给开发者的工作带来更多突破。最直接的贡献是我们使用的算力资源就来自客户端。当前客户端机器算力和网络资源都已经足够优秀，在不考虑稳定性损耗的情况下，几台客户端的机器算力可以媲美一台常规的小型后端服务器。当我们执着于数据层的高并发时，前端的算力资源实际上是有盈余的。我们可以使用服务端的算力和网络构建的资源下载视频、直连局域网游戏，在更理想的情况下还可以使用这些资源与前端联动。

前端从编码到落地的过程很直观，加上之前提到的前端 JavaScript 脚本语言的编码效率，这些优点让前端在嵌入式、编码（编程游戏、算法题）领域得以普及。对前端开发者而言，自建一个运行环境，或实现诸如在线 IDE 等内容相对其他领域也更容易一些。

这里没有夸大前端领域之意，而是希望大家能基于前端和它多范式的特征，在前端开拓出更多有意义的工程。

8.4.3　工程研发

最后我们讨论关于工程研发的相关内容。软件工程的特性是系统架构师重点考虑的内容，而传统工程领域有很多值得我们借鉴的地方，其中之一就是角色划分。

以建筑工程行业为例，一项工程往往需要多方介入、协作完成。一个完整的建筑工程项目，在施工之外，还包含明确的项目目标和启动时间，第三方角色也会频繁介入，进行检测、监理、验收等工作，如图 8-3 所示。

图 8-3　建筑工程需要多方角色介入

　　同样地，每个前端项目都有启动方，即产品的 PRD、原型图；有需要检测、监测的内容，即 QA（Quality Assurance，质量保证）对功能点维度的掌控（上线和回归的测试用例）；有验收方，即产品阶段性验收等。

　　软件领域的产品经理、架构师等角色，对应着传统领域的设计师（建筑师）、结构工程师。二者的不同之处在于，传统领域大多是项目开始时就确定了几期的施工内容；而软件开发领域，工作量从人月为单位（工作时长单位，一人一月的工作量）压缩到人天为单位（一人一天），设计内容也会不断地调整，甚至会因为目标导向的要求长期处于规划重置状态。开发者有时需要反过来督促产品方提出更加准确的需求。

　　建筑工程并非不允许变更，只是出现变更时需要经过大量流程，通常需要重新设计，而且变更后的项目实施也要使用新的零件和建材。编码工作中的变更很随意，没有正式的变更流程，而且变更后的开发内容往往是根据结果进行回归测试，还可能缺乏针对代码的详细审查。这些软件工程中的质量要求和流程被严重压缩，开发者需要在敏捷开发和工程性上寻找平衡点。

　　前端开发相对于工程建设还有一个特点，就是角色一兼多职。人员数量相对于角色数量的缺失有时会造成疏漏，比如建筑工程会要求数据一定经过二次确认，而编码项目中，前端开发人员往往是独立负责一个项目，较难复查出问题。所以在编码时我们一定要推行代码冗余，并且对数据及时进行有效性检测，这也有助于减少编程错漏。

在传统工程领域我们可借鉴的内容还有很多，开发者可以多从侧面观察前端应用，回归项目要解决的问题，抓住重点诉求。

8.5 案例和代码

本节我们还是通过示例进行编码落地。

8.5.1 前端开发复杂度

本节示例已经具备软件领域产品可复制的基本诉求，是工厂型或者简易引擎级的项目。

解决系统复杂度的平衡点，其实是在系统产品内部逻辑和产品实践之间做出妥协。比如在游戏引擎项目中，关卡内容对游戏的分类、特定游戏分类的引擎复杂程度，决定了产品是业务开发的层级，还是某些流量 App 下的生态层级（比如游戏小程序）。

我们随时可以拓展游戏关卡引擎，这里拓展出一些游戏框架，如代码清单 8-1 所示。

代码清单 8-1　扩展游戏引擎

```
// 将关卡的展示改变为故事型游戏模型
// 1 数据的更改，可以对比代码清单 1-8 中的内容
// demo/projectA/puzzles.js
const puzzles = [
  {
    id: 1,
    qs: ['作为一名骑士，一觉睡醒，发现巨龙把公主掠走了'],
    img: 'a.jpg',
    count: 5,
    a: [
      {
        opid: 1,
        opstr: '追踪巨龙',
        nextPid: 2
      },
      {
        opid: 2,
```

```
                opstr: '出外冒险, 增强实力',
                nextPid: 3
            }
        ],
        intro: '选择接下来的行动'
    },
    {
        id: 2,
        qs: ['跟踪巨龙留下的痕迹后发现巨龙巢穴, 巨龙在睡觉'],
        img: 'b.jpg',
        count: 5,
        a: [
            {
                opid: 1,
                opstr: '潜入巨龙巢穴, 带走公主',
                nextPid: 5
            },
            {
                opid: 2,
                opstr: '挑战巨龙',
                nextPid: 6
            }
        ],
        intro: '选择接下来的行动'
    },
    {
        id: 3,
        qs: ['外出冒险, 实力大增, 并结识邻国将军'],
        img: 'c.jpg',
        count: 5,
        a: [
            {
                opid: 1,
                opstr: '游历邻国, 不再理会公主的事情',
                nextPid: 7
            },
            {
                opid: 2,
                opstr: '回去救公主',
                nextPid: 4
            }
        ],
        intro: '选择接下来的行动'
    },
    {
        id: 4,
```

```
      qs: [' 耐心寻找后发现巨龙巢穴，巨龙在睡觉 '],
      img: 'd.jpg',
      count: 5,
      a: [
        {
          opid: 1,
          opstr: ' 潜入巨龙巢穴，带走公主 ',
          nextPid: 5
        },
        {
          opid: 2,
          opstr: ' 挑战巨龙 ',
          nextPid: 8
        }
      ],
      intro: ' 选择接下来的行动 '
    },
    {
      id: 5,
      qs: [' 救出公主后获得嘉奖，成为将军 '],
      img: 'e.jpg',
      count: 5,
      a: [
        {
          opid: 1,
          opstr: '(end)'
        }
      ],
      intro: ' 结局之一 '
    },
    {
      id: 6,
      qs: [' 挑战失败，game over'],
      img: 'f.jpg',
      count: 5,
      a: [
        {
          opid: 1,
          opstr: '(end)'
        }
      ],
      intro: ' 结局之二 '
    },
    {
      id: 7,
      qs: [' 远走他乡，漂泊一生 '],
```

```
        img: 'g.jpg',
        count: 5,
        a: [
          {
            opid: 1,
            opstr: '(end)'
          }
        ],
        intro: '结局之一'
      },
      {
        id: 8,
        qs: ['救出公主并获得青睐，最终成为伴侣'],
        img: 'h.jpg',
        count: 5,
        a: [
          {
            opid: 1,
            opstr: '(end)'
          }
        ],
        intro: '结局之一'
      }
    ]

export default puzzles

// 2 更改关卡页的展示和处理逻辑
// pages/puzzle/PuzzlePage.js
// 省略事件逻辑
render() {
  <div className={ containerClassName }>
    <div className="puzzle-p-buttons">
      <Button
        onClick={this.submitAnswer}
        disabled={!this.state.usable.submit || this.showOnly}
      >提交 </Button>
    </div>
    <div className="puzzle-p-id">
      <span>关卡 </span>
      <span>{ p.puzzleId }</span>
    </div>
    <div className="puzzle-p-count">
      <span>倒计时 </span>
      <span>{ this.state.count }</span>
    </div>
```

```
    <div className="puzzle-p-q">
      <span>q: </span>
      <img alt="" src={ _data.img } />
      <div>{ _data.qs[0] }</div>
    </div>
    <div className="puzzle-p-a">
      <span>你：</span>
      {
        _data.a.map(x => (
          <div onClick={ this.jumpToPuzzle(x.nextPid) } key={x.opid}>
            { x.opstr }
          </div>
        ))
      }
    </div>
    <div className="puzzle-p-link">
      <PuzzleLink />
    </div>
    <div className="puzzle-p-change">
      <PuzzleChange {...this.props} />
    </div>
    {
      p.type === 'current' && (
        <RestStar withPuzzleId={p.puzzleId}/>
      )
    }
  </div>
}
```

8.5.2　运行时监控和整体工程特性

本节将通过示例展示 8.2 节提到的运行时状态变化和加强函数式编程对工程指标的影响。我们通过基础服务可以实现日志打点、用户数据监测功能，进而量化系统的可用性和可测试性，甚至增加安全性指标。如果考虑得更复杂一些，我们应该随时根据系统的运行情况，规划下一阶段的工作，在各大类工程特性上有偏向地实现规划指标。

在我们的示例项目中，可以通过函数式特征完成埋点和监控的工作，具体内容可以参考代码清单 8-2。

代码清单 8-2   增加埋点和监控

```javascript
// 1  使用装饰器等工具添加日志功能，日志功能可随时替换为抽样监控
// tools/untils.js
// 更改 consoleLog 方法即可替换为抽样监控
const consoleLog = console.info;
// 使用装饰器快速获取组件中方法调用事件、参数，并根据环境切换
function elog(showLog, opt = { showArgs: true }) {
  return function (target, name, _descriptor) {
    const _dt = _descriptor;
    const raw = _dt.value;
    const consoleRes = function (res) {
      consoleLog(name + ' finish synchronously at:', formatShortDate(Date.now()));
      consoleLog('----------------------------');
      return res;
    };
    _dt.value = function (...args) {
      if (showLog !== false) {
        try {
          consoleLog(name + ' called at:', formatShortDate(Date.now()));
          if (opt && opt.showArgs) {
            consoleLog('args(stringified):', JSON.stringify(args));
          }
        } catch (e) { consoleLog('elog error:', e); }
      }
      return consoleRes(raw.apply(this, args));
    };
    return _dt;
  };
}
// 针对函数式组件，使用包裹式装饰函数
function elogWrapper(wrapped) {
  return function () {
    consoleLog('args(stringified):' + JSON.stringify(arguments));
    // 省略部分逻辑
    const result = wrapped.apply(this, arguments);
    return result;
  };
}

// 组件使用方式
// pages/PuzzlePageController.js
class PuzzlePageController extends React.Component {
  // 省略部分逻辑
  @elog()
  slideUp() {
    console.log('slideUp')
```

```
      if (this.state.prev.sid !== 0) {
        this.props.changePuzzleSid(this.state.prev.sid)
      }
    }
}

// 2 包装组件，完成埋点等功能
// pages/HocSendInfo.js
import React, { Component } from 'react'
// 以下几个方法可以替换为响应的埋点、监控方法
const sendLog = (x1, x2) => console.log('sendLog', x1, x2)
const sendPV = x => console.log('sendPV', x)
const sendCptOn = x => console.log('sendCptOn', x)
const sendCptOff = x => console.log('sendCptOff', x)
const getPvInfo = () => Math.random()

export default (InnerComponent) => {
  class HocSendInfo extends React.Component {
    componentDidMount () {
      sendCptOn(JSON.stringify(this.props))
      sendLog('InnerComponent did mount, name is ',
              InnerComponent.name)
      sendPV(getPvInfo())
    }

    componentWillUnmount () {
      sendCptOn(JSON.stringify(this.props))
      sendLog('InnerComponent will Unmount, name is ',
              InnerComponent.name)
    }

    render () {
      return <InnerComponent {...this.props} />
    }

  }

  return HocSendInfo
}

// 调用包装的组件
// pages/puzzle/PuzzlePage.js
class PuzzlePageWithAd extends React.Component {
  // 省略部分逻辑
}
export default HocSendInfo(PuzzlePageWithAd)
```

在前端这一变化较快的领域，掌控工程特性需要开发者投入较多精力。从需求产生到分析执行，再到综合用户使用偏好，最佳实践的衡量标准非常多，但我们仍然要有明确的代码掌控规划，哪怕落地和调试、统计过程慢一些。

8.6　本章小结

函数式在前端的演进过程体现了 Web 前端和 B/S 结构最近 10 年（或者是从现代框架产生以来的 5 年）的快速发展。未来，前端将有更直观的表现形式、更丰富的内容，同时我们也期待有更开放的接入姿势改变大家的生活。

不过就像经典的"没有银弹"说一样，对于事物的核心复杂度，我们只能接近，不能消弭。我们还要在阐述服务内容、改进用户体验、优化事件响应的道路上继续前行。

技术的道路没有终点，前端工程化发展了 5 年，Web 技术快速发展了 10 年我希望和大家一同缔造下一个 5 年、10 年。

在第 9 章，我将对各章节的示例代码做一些串联，并补充一些必要的内容，帮助读者完成这个项目。

简易关卡引擎项目补充

我们在第 1 章介绍了整个关卡引擎项目的需求背景，并在之后的每一章分别实现了引擎项目的一些功能。

本章将梳理项目的整体情况，并展现一些核心代码，帮助读者实现和理解整个项目。代码现阶段主要使用类组件实现，且代码中的一些复杂方法也使用了简洁的实现形式。

项目代码的改进空间还比较大，或者说根据不同的关注点，可以不断重构代码。在之前的章节，我们对部分代码进行了解读，读者也可以根据本书的内容，使用函数式组件、映射等工具和方法对代码进行函数式加工。

9.1 需求清单

我们大致解析项目的整体需求，得到如下需求清单（限于篇幅，我们不再展开细节功能）。

1. 主页需求

1）主页展示关卡清单、分数统计、主信息，主页支持右滑到关卡无限下拉页。

2）主页支持账户功能、支持直接注册新账户、支持切换账户；账户信息在本地维护。

2. 关卡页需求

1）初始版本中，关卡支持填空和有顺序地点击某些区域进行作答，支持倒计时功能。

2）支持错误次数机制（操作错误时扣去重试机会次数）。

3）关卡中可预览关卡内容或展示基本信息，在点击"开始"后方可作答。

3. 判分规则

1）支持默认判分规则。

2）支持用户自定义判分规则。

4. 体力模式

1）在完成关卡时奖励星星。

2）在每关开始时消耗 1 颗星星。

3）根据用户在线时间积累星星。

5. 支持关卡详情页

1）在未开始游戏时可右滑显示关卡详情页；点击"返回"按钮或左滑，可回到关卡页面。

2）支持通用的关卡介绍和定制的关卡提示内容；提供插槽，支持用户自定义组件内容。

6. 支持在特定关卡、特定时间段、关卡之间和主页面与关卡切换时插入页面

1）支持插入与关卡无关的宣传页或广告页。

2）支持红包雨下落等与关卡相关的页面。

9.2　项目和文件结构

项目的页面结构可参考图 1-1，文件结构如图 9-1 所示，此处省略了 Webpack 和其他通用构建设置项。

图 9-1　关卡引擎文件结构图

9.3 开发者和用户交互

开发者交互行为如图 9-2 所示。

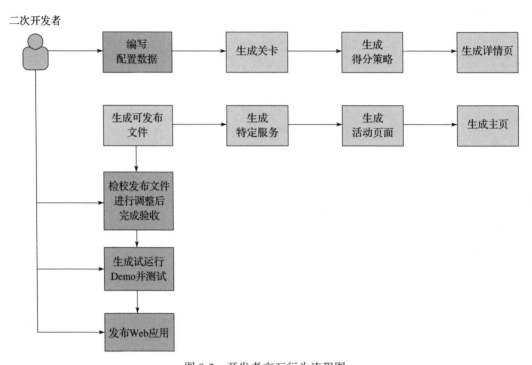

图 9-2 开发者交互行为流程图

本系统是面向开发者的系统，开发者将数据导入系统后，系统将自动生成可运行的前端应用。开发者需要校验并调整生成的内容，最终发布应用。用户的交互行为可以参考图 1-2。

9.4 整体服务和引擎生命周期

除了实现项目的基本功能，我们可以根据项目需求提供以下服务。

1. 必要服务

支付账号授权、本地保存游戏、分享游戏等功能。

2. 面向开发者的增值服务

（1）数据

1）每个游戏的访问量数据，PV/UV。

2）关键操作的用户埋点数据，比如左滑 / 右滑次数、每个关卡的数据等。

（2）线上运行时

1）从抽样到实时监控线上的必要数据。

2）线上承载日志，开发者需要排查用户问题时，经过用户授权并上传日志后，开发者进行排查。

（3）Demo 和还原

具备线上 Demo 演示和使用 Demo 还原线上数据的能力。

3. 更多

其他应该包含在服务中的功能。

9.5　代码清单

本节根据图 9-1 的文件结构，结合 9.1 节的需求清单补充必要的代码。

请注意，以下代码在前 8 章的案例中常被修改成符合当时章节的内容，大家可以对比参考和修改。

9.5.1　主页需求实现

主页逻辑的代码实现了展示关卡信息和滑动到关卡页面的功能，并支持维护账户信息。实现内容的核心代码如代码清单 9-1 所示，主要是结构型的信息展示功能。

代码清单 9-1　主页代码

```
// pages/OverviewPage.js 主页面组件
// 主页逻辑比较简单，包含读取用户和关卡数据，以及支持滑动到关卡页两个核心逻辑
// 页面展示时使用了 3 个页面内组件：OverviewMatrix、OverviewEvaluation 和 OverviewLink
```

```
// EasterEggsCountContext 为彩蛋内容
render() {
    const _easterEggsCount = this.state.easterEggsCount
    return (
        <EasterEggsCountContext.Provider value={ _easterEggsCount }>
            <div className="overview-page"
                onClick={() => this.increaseEasterEggsCount(_easterEggsCount)}>
                <div className="overview-page-matrix">
                    <span>{$$title1}</span>
                    <Suspense fallback={<div>Loading</div>}>
                        <OverviewMatrix />
                    </Suspense>
                </div>
                <div className="overview-page-evaluation">
                    <span>{$$title2}</span>
                    <OverviewEvaluation />
                </div>
                <div>
                    <OverviewLink />
                </div>
            </div>
        </EasterEggsCountContext.Provider>
    )
}


// pages/overview/OverviewEvaluation.js
// 获得和展示用户数据
import React from 'react'
import '@/services/config';
import data from '../../producer/data2model.js'
class OverviewEvaluation extends React.Component {
    render() {
        const _userData = data.getUserDatas(0)
        return (
            <div className="over-view-e-page">
                <div>
                    <span>总分</span>
                    <span>{ _userData.scoreTotal }</span>
                </div>
                <div>
                    <span>平均分</span>
                    <span>{ _userData.average }</span>
                </div>
                <div>
                    <span>获得彩蛋数</span>
                    <span>{ global.constants.getEasterEggsInstatnce }</span>
```

```
          </div>
        </div>
      )
    }
}


export default OverviewEvaluation;

// pages/overview/OverviewLink.js
// 支持点击按钮方式 (替代滑动) 进入关卡页, 组件引入 Redux 和 Connect
import React from 'react'
import { connect } from 'react-redux';
import { changePageScene } from '../../redux/action';

class OverviewLink extends React.Component {
  render() {
    return (
      <div className='overview-link'
          onClick={() => this.props.changePageScene('puzzle') }>
        <div></div>
        <div>&gt;</div>
      </div>
    )
  }
}


export default connect(() => ({}), { changePageScene })(OverviewLink)

// pages/overview/OverviewMatrix.js
// 展示关卡矩阵, 使用了 Untils 自制工具库、Redux 和数据服务
// 项目中的 data2model.js 会对 Demo 进行处理并模拟后端服务
// 本组件使用了嵌套的子组件: 关卡单元 PuzzleScoreUnit
import React from 'react'
import { mapIfFilled } from '../../tools/untils.js'
import data from '../../producer/data2model.js'
import { connect } from 'react-redux'
import { changePuzzlePage, changePageScene } from '../../redux/action';

class PuzzleScoreUnitBase extends React.Component {
  constructor(props) {
    super(props)
    this.enterPuzzle = this.enterPuzzle.bind(this)
  }

  enterPuzzle() {
    const p = this.props
```

```
      p.changePuzzlePage(p.id)
      p.changePageScene('puzzle')
    }

    render() {
      const _className = 'overview-m-unit'
                        + (this.props.lock ? ' unit_locked' : '')
      return (
        <div className={_className}>
          <span>关卡</span>
          <span className='info'>{ this.props.id } </span>
          <span className='gap'></span>
          <span>得分</span>
          <span className='info'>{ this.props.score } </span>
          <span className='gap'></span>
          <span>耗时</span>
          <span className='info'>{ this.props.time } </span>
          <span className='gap'></span>
          <span className='info'>
            { !!this.props.lock && (
              <span onClick={this.enterPuzzle}>进入</span>)}
          </span>
        </div>
      )
    }
}

const PuzzleScoreUnit = connect(() => ({}), {
  changePuzzlePage,
  changePageScene
})(PuzzleScoreUnitBase)

class OverviewMatrix extends React.Component {
  constructor(props) {
    super(props)
    this.state = {
      unitAndScores: []
    }
    this.getLatestScores = this.getLatestScores.bind(this)
  }

  getLatestScores() {
    const _scores = data.getUserScore(0)
    this.setState({
      unitAndScores: _scores
    })
```

```
  }

  componentDidMount() {
    this.getLatestScores();
  }

  render() {
    console.log(this.state.unitAndScores)
    return (
      <div className="overview-m-page">
        {
          mapIfFilled(this.state.unitAndScores, x => (
            <PuzzleScoreUnit {...x} key={x.id}/>
          )
        )
      }
      </div>
    )
  }
}

export default OverviewMatrix
```

9.5.2　关卡页需求实现

关卡详情页的实现代码比主页要复杂一些，代码包含每一关卡的问题展示、作答时的交互逻辑，以及关卡之间的切换。具体实现如代码清单 9-2 所示。

代码清单 9-2　关卡详情页的实现代码

```
// 关卡页代码
// pages/PuzzlePageController.js
// 页面切换的控制器，支持无限下拉、前一页面和后一页面的缓存，以及插入广告页
import React from 'react'
import { PuzzlePage } from './puzzle'
import { getDirection } from '../tools/untils'
import data from '../producer/data2model'
import { connect } from 'react-redux'
import { changePuzzlePage, changePuzzleSid } from '../redux/action';

const getDatasBySidList = (sids) => {
  const _defaultState = {
    current: {
      sid: sids[1]
```

```
      }
    }
    _defaultState.prev = {
      sid: sids[0]
    }
    _defaultState.next = {
      sid: sids[2]
    }
    const setPuzzleDataByAttr = attrName => {
      const _state = _defaultState[attrName]
      _state.data = data.getPuzzleDataBySid(_state.sid) || {}
    }
    ['current', 'prev', 'next'].forEach(setPuzzleDataByAttr)
    return _defaultState
}

const getDatasByCurrentId = (currentId) => {
  const sids = data.getSidsByPuzzleId(currentId)
  return getDatasBySidList(sids)
}

const getDatasBySid = sid => {
  const sids = data.getSidsBySid(sid)
  return getDatasBySidList(sids)
}

class PuzzlePageController extends React.Component {
  constructor(props) {
    super(props)
    this.getDefaultData = this.getDefaultData.bind(this)
    this.slideUp = this.slideUp.bind(this)
    this.slideDown = this.slideDown.bind(this)
    this.touchStartFuc = this.touchStartFuc.bind(this)
    this.touchEndFuc = this.touchEndFuc.bind(this)
    this.startXY = {}
    this.state = {
      puzzlePage: '',
      puzzleSid: ''
    }
    this.state = Object.assign(this.state, this.getDefaultData())
  }

  getDefaultData() {
    const currentPuzzleId = parseInt(sessionStorage.getItem('currentPuzzleId') || 1)
    return getDatasByCurrentId(currentPuzzleId)
  }
```

```
// 此处需要实现切换效果
static getDerivedStateFromProps(nextProps, prevState) {
  if (nextProps.puzzlePage
        && (nextProps.puzzlePage !== prevState.puzzlePage)) {
    const _newState = Object.assign({
      puzzlePage: nextProps.puzzlePage
    }, getDatasByCurrentId(nextProps.puzzlePage))
    return _newState
  }
  if (nextProps.puzzleSid
        && (nextProps.puzzleSid !== prevState.puzzleSid)) {
    const _newState = Object.assign({
      puzzleSid: nextProps.puzzleSid
    }, getDatasBySid(nextProps.puzzleSid))
    return _newState
  }
  return null
}

slideUp() {
  console.log('slideUp')
  if (this.state.prev.sid !== 0) {
    this.props.changePuzzleSid(this.state.prev.sid)
  }
}

slideDown() {
  console.log('slideDown')
  if (this.state.next.sid !== 0) {
    this.props.changePuzzleSid(this.state.next.sid)
  }
}

touchStartFuc(e) {
  console.log('touchStartFuc')
  this.startXY.startx = e.touches[0].pageX
  this.startXY.starty = e.touches[0].pageY
  console.log('touchStartFuc ok')
}

touchEndFuc(e) {
  console.log('touchEndFuc')
  let { startx, starty } = this.startXY
  let endx = e.changedTouches[0].pageX;
  let endy = e.changedTouches[0].pageY;
  let _dir = 0
```

```
    try {
      _dir = getDirection(startx, starty, endx, endy)
    } catch(e) { console.log('getDirection error', e) }
    // 向上滑动
    if (_dir === 1) {
      this.slideDown()
    }
    // 向下滑动
    if (_dir === 2) {
      this.slideUp()
    }
    console.log('touchEndFuc ok')
  }

  render() {
    return (
      <div className="puzzle-page-container"
          onTouchStart={this.touchStartFuc}
          onTouchEnd={this.touchEndFuc}>
        {
          !!this.state.prev.sid && (
            <PuzzlePage
              type='prev'
              key={this.state.prev.sid}
              sid={this.state.prev.sid}
              data={this.state.prev.data} />
          )
        }
        <PuzzlePage
          type='current'
          key={this.state.current.sid}
          sid={this.state.current.sid}
          data={this.state.current.data}
          changeToPrepPuzzle={ this.slideUp }
          changeToNextPage={ this.slideDown }
          />
        {
          !!this.state.next.sid && (
            <PuzzlePage
              type='next'
              key={this.state.next.sid}
              sid={this.state.next.sid}
              data={this.state.next.data} />
          )
        }
      </div>
```

```
      )
    }

}

export default connect((state) => ({
  puzzlePage: state.puzzlePage,
  puzzleSid: state.puzzleSid
}), {
  changePuzzlePage, changePuzzleSid
})(PuzzlePageController)

// pages/puzzle/PuzzlePage.js
// 关卡页面的内容页面（或广告页）包含关卡内容展示、答题上交、滑动页面等功能
// 页面中还包含滑动页面组件和广告页组件的引用
import React from 'react'
import { Button, Input } from 'antd';
import { connect } from 'react-redux'
import { changePageScene } from '../../redux/action';
import AdPage from '../AdPage';
import data from '../../producer/data2model';
import RestStar from '../RestStar';

class PuzzleLinkBase extends React.Component {
  render() {
    return (
      <div className='puzzle-link-container'>
        <div
          className='puzzle-link-back'
          onClick={() => this.props.changePageScene('overview') }>
          <div>&lt;</div>
        </div>
        <div
          className='puzzle-link-front'
          onClick={() => this.props.changePageScene('detail') }>
          <div>&gt;</div>
        </div>
      </div>
    )
  }
}

const PuzzleLink = connect(() => ({}), { changePageScene })(PuzzleLinkBase)

class PuzzleChange extends React.Component {
  constructor(props) {
```

```
      super(props)
  }

  render() {
    return (
      <div className='puzzle-change-container'>
        <div
          className='puzzle-change-prep'
          onClick={ this.props.changeToPrepPuzzle }>
          <div>up</div>
        </div>
        <div
          className='puzzle-change-next'
          onClick={ this.props.changeToNextPage }>
          <div>down</div>
        </div>
      </div>
    )
  }
}

class PuzzlePageBase extends React.Component {
  constructor(props) {
    super(props)
    this.state = {
      puzzleData: {},
      inputValue: '',
      usable: {
        start: true,
        retry: false,
        submit: false,
        input: true
      }
    }
    this.counting = false
    this.state.puzzleData = this.props.data
    this.state.baseCount = this.props.data.count
    this.state.count = this.props.data.count
    this.inputOnChange = this.inputOnChange.bind(this)
    this.submitAnswer = this.submitAnswer.bind(this)
    this.start = this.start.bind(this)
    this.tryAgain = this.tryAgain.bind(this)
    this.showOnly = (this.props.showOnly + '') === 'true'
    this.puzzleKey = 'puzzleIdAnswer_' + this.props.puzzleId
    if (this.showOnly) {
      this.showAnswer = sessionStorage.getItem(this.puzzleKey)
```

```
  }
}

inputOnChange(e) {
  this.setState({
    inputValue: e.target.value
  })
}

submitAnswer() {
  const _value = this.state.inputValue
  data.setPuzzleAnswer(_value, this.state.count, this.props.puzzleId)
}

tryAgain() {
  const tryCostPp = data.costPp(5)
  if (tryCostPp.success) {
    this.setState({
      usable: Object.assign(this.state.usable, {
              start: false,
              retry: false,
              submit: true,
              input: true,
            }),
      count: this.state.baseCount,
      inputValue: ''
    }, this.start(this.state.baseCount))
  } else {
    alert('cost pp error')
  }
}

start(startCount) {
  this.setState({
    usable: Object.assign(this.state.usable, {
            start: false,
            submit: true
          }),
    inputValue: ''
  })
  this.counting = true
  const countToNumber = (number, times) => {
    setTimeout(() => {
      this.setState({
        count: number
      })
```

```
      if (number === 0) {
        this.setState({
          usable: Object.assign(this.state.usable, {
            start: false,
            retry: true,
            submit: false,
            input: false,
          })
        })
        this.counting = false
      }
    }, times * 1000)
  }
  Array
    .apply(null, { length: startCount })
    .map((x, idx) => idx + 1)
    .forEach(x => {
      countToNumber(startCount - x, x)
    })
}

render() {
  const p = this.props
  const _data = this.state.puzzleData
  const containerDisplayClassName = 'puzzle-p-page-' + p.type
  const containerClassName = "puzzle-p-page " + containerDisplayClassName
  return (
    <div className={ containerClassName }>
      <div className="puzzle-p-buttons">
        <Button
          onClick={() => this.start(this.state.count)}
          disabled={!this.state.usable.start || this.showOnly}
        > 开始答题 </Button>
        <div className="gap" />
        <Button
          onClick={this.tryAgain}
          disabled={!this.state.usable.retry || this.showOnly}
        > 重试 </Button>
        <div className="gap" />
        <Button
          onClick={this.submitAnswer}
          disabled={!this.state.usable.submit || this.showOnly}
        > 提交 </Button>
      </div>
      <div className="puzzle-p-id">
        <span> 关卡 </span>
```

```
            <span>{ p.puzzleId }</span>
          </div>
          <div className="puzzle-p-count">
            <span> 倒计时 </span>
            <span>{ this.state.count }</span>
          </div>
          <div className="puzzle-p-q">
            <span>q: </span>
            <div>{ _data.qs[0] }</div>
          </div>
          <div className="puzzle-p-a">
            <span>a: </span>
            { this.showOnly ? (
               <div>{ this.showAnswer }</div>
             ) : (
              <Input
                value={ this.state.inputValue }
                disabled={ !this.state.usable.input }
                onChange={this.inputOnChange} />
             ) }
          </div>
          <div className="puzzle-p-link">
            <PuzzleLink />
          </div>
          <div className="puzzle-p-change">
            <PuzzleChange {...this.props} />
          </div>
          <RestStar />
        </div>
      )
    }
}


const PuzzlePage = connect((state) => ({ pageScene:state.pageScene }), {})
  (PuzzlePageBase)

class PuzzlePageWithAd extends React.Component {
  constructor(props) {
    super(props)
  }

  render() {
    if (this.props.data.adPage) {
      return (<AdPage {...this.props}/>)
    } else {
      const puzzleId = this.props.data.id
```

```
    return (<PuzzlePage {...this.props} puzzleId={puzzleId}/>)
    }
  }
}

export default PuzzlePageWithAd
```

9.5.3 统计分数等数据服务逻辑

按照需求清单，引擎需要提供统计分数等数据服务逻辑。数据服务逻辑放置在数据服务文件 data2model.js 和 session 中。引擎提供的数据服务见代码清单 9-3。

代码清单 9-3   数据服务内容

```
// 数据服务内容
// producer/data2model.js
import demoDatas from '../demo/projectA'
import { deepClone } from '../tools/untils'

const baseDatas = deepClone(demoDatas)
const configDatas = deepClone(demoDatas.config)
const pollTask = {}
// 省略部分方法
const getPuzzleDataById = (puzzleId) => {
  return projectDatas.puzzles
                .find(x => x.id === puzzleId && !x.adPage)
}

const getIntroById = (puzzleId) => {
  return projectDatas.puzzles
                .find(x => x.id === puzzleId && !x.adPage)
                .intro
}

const getPrevPuzzleId = (puzzleId) => {
  let prevId = 0
  projectDatas.puzzles.forEach(x => {
    if(x.id < puzzleId) {
      prevId = x.id
    }
  })
  return prevId
}
```

```
const getNextPuzzleId = (puzzleId) => {
  let nextId = 0
  try {
    nextId = projectDatas.puzzles
                        .find(x => x.id > puzzleId)
                        .id
  } catch(e) {}
  return nextId
}

const getAdPuzzleIds = () => {
  return projectDatas.config.puzzleAdPageIds
}

const getAdContent = () => {
  return projectDatas.config.adPageContent
}

const getSidsByPuzzleId = (puzzleId) => {
  const _puzzleList = projectDatas.puzzles
  const _puzzleIdx = _puzzleList.findIndex(x => x.id === puzzleId)
  const prevSid = _puzzleIdx === 0
                  ? 0 : _puzzleList[_puzzleIdx - 1].sid
  const nextSid = _puzzleIdx === _puzzleList.length - 1
                  ? 0 : _puzzleList[_puzzleIdx + 1].sid
  const currnetSid = _puzzleList[_puzzleIdx].sid
  return [prevSid, currnetSid, nextSid]
}

const getSidsBySid = (sid) => {
  const _puzzleList = projectDatas.puzzles
  const _puzzleIdx = _puzzleList.findIndex(x => x.sid === sid)
  const prevSid = _puzzleIdx === 0
                  ? 0 : _puzzleList[_puzzleIdx - 1].sid
  const nextSid = _puzzleIdx === _puzzleList.length - 1
                  ? 0 : _puzzleList[_puzzleIdx + 1].sid
  const currnetSid = _puzzleList[_puzzleIdx].sid
  return [prevSid, currnetSid, nextSid]
}

const getPuzzleDataBySid = (sid) => {
  return projectDatas.puzzles
                     .find(x => x.sid === sid)
}
```

// 计算分数并提交逻辑

```
const setPuzzleAnswer = (inputValue, count, puzzleId) => {
  const _puzzleData = getPuzzleDataById(puzzleId)
  const MaxScore = 10
  let score = 0
  if (inputValue === _puzzleData.a) {
    score = MaxScore * (count + 1) / _puzzleData.count
  } else {
    score = 0
  }
  const _puzzleScoreKey = 'puzzleScore_' + puzzleId
  const _puzzleScoreValue = JSON.stringify({
    pid: puzzleId,
    score,
    constTime: _puzzleData.count - count
  })
  sessionStorage.setItem(_puzzleScoreKey, _puzzleScoreValue)
}

// 省略部分方法
export default {
  // 此处按需导出方法
}
```

9.5.4 体力模式等前端业务逻辑

在关卡中，我们需要使用"体力"这一模型控制用户的重试次数。"体力"需要前端和服务端同时产生作用，体力模型的实现如代码清单9-4所示。

代码清单9-4 体力模式的实现

```
// 体力模式的实现
// producer/data2model.js
const initPower = () => {
  const _pp = sessionStorage.getItem('pp')
  if (!_pp && _pp !== '0' ) {
    sessionStorage.setItem('pp', '10')
  }
}

const increasePp = () => {
  const _pp = sessionStorage.getItem('pp')
  const gapSec = 5
  if (_pp) {
    const _incPpOnce = () => {
```

```
      setTimeout(() => {
        let nextPc = parseInt(sessionStorage.getItem('pp')) + 1
        if (nextPc > 10) { nextPc = 10 }
        sessionStorage.setItem('pp', nextPc + '')
        console.log('increasePp once, new pp is ' + nextPc)
        _incPpOnce()
      }, gapSec * 1000)
    }
    _incPpOnce()
  }
}

const costPp = (constCount) => {
  const _pp = sessionStorage.getItem('pp')
  if (_pp) {
    const restPp = parseInt(_pp) - constCount
    if (restPp < 0) {
      return {
        success: false,
        msg: 'error, not enough pp'
      }
    } else {
      sessionStorage.setItem('pp', restPp + '')
      return {
        success: true,
        msg: restPp + ''
      }
    }
  } else {
    return {
      success: false,
      msg: 'error, have not init'
    }
  }
}

const getLatestPp = () => {
  return sessionStorage.getItem('pp')
}

const getLatestPpAndCb = (cb) => {
  cb(getLatestPp())
}

const pollLatestPp = (gapSec, cb, pollTag) => {
  const _getLatestPpOnce = (gapSec, cb) => {
```

```
      pollTask[pollTag] = setTimeout(() => {
        console.log('polling pp, latest is ' + getLatestPp() + ', task is ' + pollTag)
        cb(getLatestPp())
        _getLatestPpOnce(gapSec, cb)
      }, gapSec * 1000)
    }
    _getLatestPpOnce(gapSec, cb)
  }

const cancelPollTask = (pollTag) => {
  console.log('cancelPollTask ' + pollTag)
  clearTimeout(pollTask[pollTag])
}

const cancelAllPpPolling = () => {
  console.log('cancelAllPpPolling')
  Object.values(pollTask).forEach(x => {
    clearTimeout(x)
  })
}

// 调用体力模式
// pages/puzzle/PuzzlePage.js
tryAgain() {        // 重试时消耗 5 点体力
      const tryCostPp = data.costPp(5)
      // 省略方法内容
}

// pages/RestStar.js
// 显示和初始化体力的组件
import React from 'react'
import data from '../producer/data2model'

class RestStar extends React.Component {
  constructor(props) {
    super(props)
    this.state = {
      pp: '-'
    }
    this.setNewPp = this.setNewPp.bind(this)
    this.pollTag = Date.now() + ''
  }

  componentDidMount() {
    data.cancelAllPpPolling()
    data.getLatestPpAndCb(this.setNewPp)
```

```
      data.pollLatestPp(5, this.setNewPp, this.pollTag)
  }

  setNewPp(pp) {
    console.log('setNewPp', pp)
    this.setState({ pp })
  }

  render() {
    return (
      <div className="rest-star">
        <span> 剩余的体力是 </span>
        <span>{ this.state.pp }</span>
      </div>
    )
  }

  componentWillUnmount() {
    const clearFunc = () => {
      console.log('clearFunc')
      // data.cancelPollTask(this.pollTag)
      data.cancelAllPpPolling()
    }
    clearFunc()
  }
}

export default RestStar

return source
```

9.5.5　自定义关卡详情页

支持关卡页跳转到关卡详情页的代码实现如代码清单 9-5 所示。

代码清单 9-5　关卡页跳转到关卡详情页的代码

```
// 关卡详情页数据来源
// demo/projectA/puzzles
// 代码中的 intro 字段支持字符串或 JSX 元素
const puzzles = [
  {
    qs: ['17 x 17'],
    count: 3,
    a: '289',
```

```
        intro: '熟记 20 以内两位数平方'
      },
   // 省略部分信息
   ]

   const commonIntro = '使用特定的两位数乘法速算技巧'

   puzzles.forEach(x => {
     if(!x.intro) {
       x.intro = commonIntro
     }
   })

   export default puzzles

   // pages/DetailPage.js
   import React from 'react'
   import data from '../producer/data2model'
   import { connect } from 'react-redux'
   import { changePageScene } from '../redux/action';

   class DetailLinkBase extends React.Component {
     render() {
       return (
         <div className='puzzle-link-container'>
           <div
             className='puzzle-link-back'
             onClick={() => this.props.changePageScene('puzzle') }>
             <div>&lt;</div>
           </div>
         </div>
       )
     }
   }

   const DetailLink = connect(() => ({}), { changePageScene })(DetailLinkBase)

   class DetailPage extends React.Component {
     constructor(props) {
       super(props)
       this.state = {
         puzzleId: 3,
       }
       this.state.intro = data.getIntroById(this.state.puzzleId)
```

```
      }

      render() {
        return (
          <div className='detail-page'>
            <div className='detail-intro'>
              <div className='detail-intro-title'> 关卡介绍 </div>
              <div className='detail-intro-content'>
                {this.state.intro}
              </div>
            </div>
            <div className='detail-link'>
              <DetailLink />
            </div>
          </div>
        )
      }
    }

    export default DetailPage
```

9.5.6　广告页和活动页

系统支持在关卡页中间插入广告页和活动页。编码时需要解决的核心问题是，用户切换页面时需要将广告页和关卡页同等对待。我们需要统一广告页和关卡页的数据，在关卡页中支持广告页组件。广告页和关卡页滚动的实现如代码清单 9-6 所示。

代码清单 9-6　广告页和关卡页滚动

```
//广告页和关卡页滚动
//1 广告页数据处理
//demo/projectA/config.js
export const puzzleAdPageIds = [
  5, 9
]

export const adPageContent = '这是一个广告页面'

//producer/data2model.js
const getPuzzlesWithIndex = (_baseDatas, _configDatas) => {
  const puzzleDatas = _baseDatas.puzzles
  //排序
  let puzzleDatasSorted = puzzleDatas.sort((x, y) => x.id - y.id)
```

```
  const adIds = _configDatas.puzzleAdPageIds
  if (adIds && adIds.length) {
    const adDataBase = {
      adPage: true,
      adContent: _configDatas.adPageContent || ''
    }
    const adData = deepClone(adDataBase)
    puzzleDatasSorted = puzzleDatasSorted
                        .map(x => adIds.indexOf(x.id) >= 0
                          ? [Object.assign({}, adData, { id: x.id }), x]
                          : x)
                        .flat()
  }
  puzzleDatasSorted.forEach((x, idx) => {
    x.sid = idx + 1
  })
  return puzzleDatasSorted
}
const projectDatas = Object.assign(baseDatas, {
  puzzles: getPuzzlesWithIndex(baseDatas, configDatas)
})
```

```
// 2 广告页和关卡页同质化
// pages/puzzle/PuzzlePage.js
class PuzzlePageWithAd extends React.Component {
  constructor(props) {
    super(props)
  }

  render() {
    if (this.props.data.adPage) {
      return (<AdPage {...this.props}/>)
    } else {
      const puzzleId = this.props.data.id
      return (<PuzzlePage {...this.props} puzzleId={puzzleId}/>)
    }
  }
}

export default PuzzlePageWithAd
```

```
// 3 广告页支持获取的数据是 JSX 元素
// pages/AdPage.js
import React from 'react'
import data from '../producer/data2model'
```

```
class AdPage extends React.Component {
  constructor(props) {
    super(props)
    this.state = {}
    this.state.adContent = data.getAdContent()
  }

  render() {
    const p = this.props
    const containerDisplayClassName = 'ad-' + p.type
    const containerClassName = "ad-page " + containerDisplayClassName
    return (
      <div className={ containerClassName }
           onTouchStart={this.touchStartFuc}
           onTouchEnd={this.touchEndFuc}>
        <div className='ad-tag'>
          { this.props.sid }
        </div>
        <div className='ad-content'>
          { this.state.adContent }
        </div>
      </div>
    )
  }
}

export default AdPage

// 4 使用样式增强滑动特效
.puzzle-p-page {
  width: 100%;
  height: 700px;
  position: absolute;
  transition: top 500ms, opacity 1s;
  will-change: top;
  &.puzzle-p-page-current {
    top: 0px;
  }
  &.puzzle-p-page-prev {
    top: -700px;
  }
  &.puzzle-p-page-next {
    top: 700px;
  }
}
```

9.6　更多扩展

在实现整个项目的基础上，我们规划后续的需求清单。

1）游戏引擎支持更多的游戏形式，比如对对碰、消消乐等。在不同的游戏引擎中，我们可以在前端实现更多功能，例如当某一变量达到预定值时，用户通过该关卡。

2）引擎的关卡内容将不再只是游戏形式，引擎支持其他形式的无限下拉操作，比如短视频 App。

3）确定引擎的一些经验参数，比如无限下拉过程中缓存内容容量和关卡数之间的经验公式等。

这个面向开发者的游戏引擎可以扩展出更多内容，感兴趣的读者可以尝试一下。

9.7　本章小结

本章并不是完整的产品需求文档或系统分析文档，项目从开发到落地的过程中，还需要有明确的结构式纲要，类似本章的文件结构、交互流程图等内容。

这些流程式和结构式内容背后的逻辑也如本书一直提到的函数式和其他范式的思考方式，影响着我们从厘定需求到设计的方方面面。希望编程中类似的闪光思想能帮助到读者工作、生活中的更多地方。